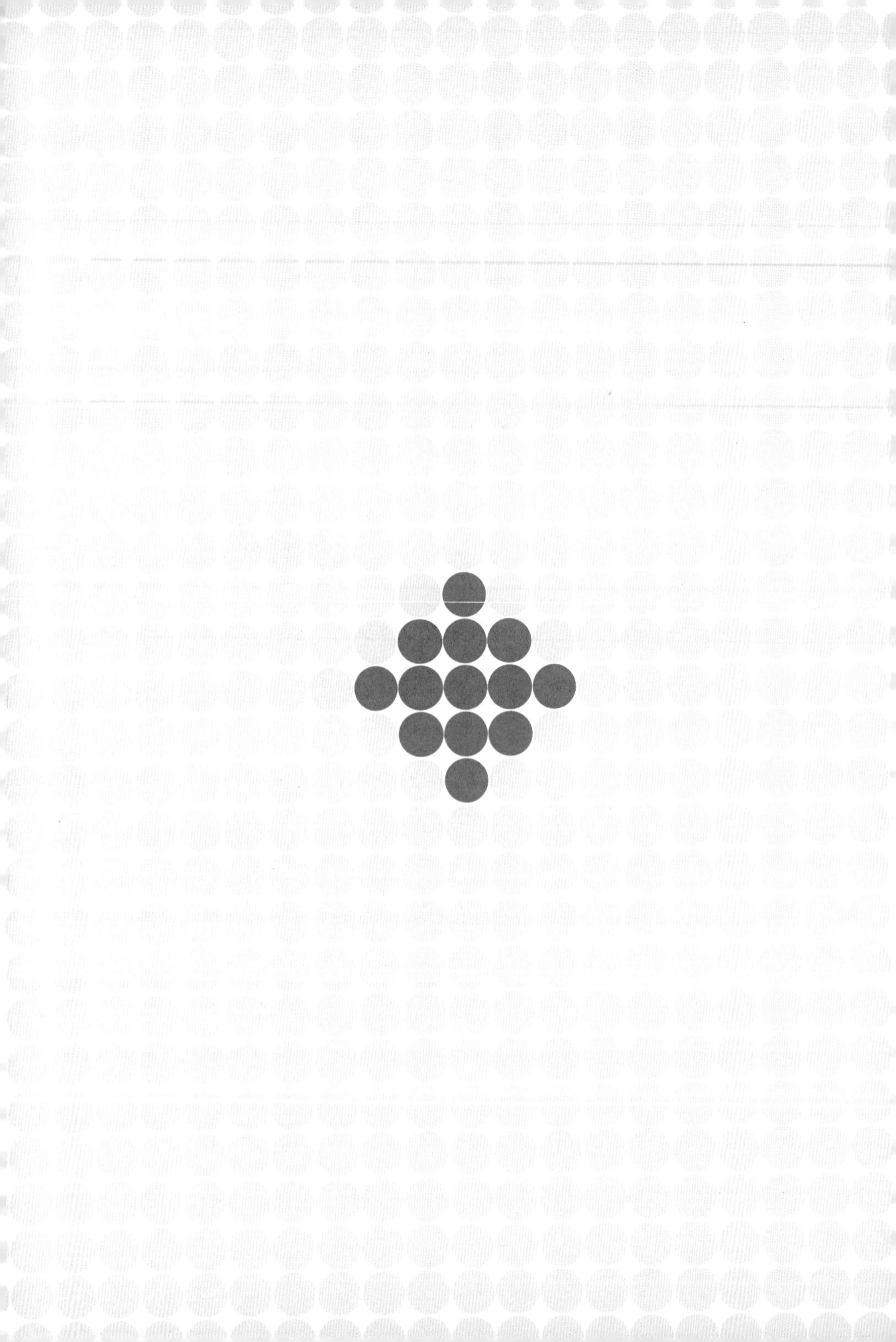

Niching Up

The Narrower the Market, the Bigger the Prize

鎖定小眾

市場越窄，獲利越大

克里斯・卓爾 Chris Dreyer／著

林步昇／譯

推薦序

與其想像市場無限大，倒不如弱水三千只取一瓢

解世博

我非常喜歡也認同這本書所談的觀點。從當年我踏入銷售領域，到我創業至今，一直是用這本書所談的思維，讓我在銷售場上勝出，在人生第一次創業就立足至今。

當年踏入銷售領域，我的主管跟我說：「恭喜你選擇了保險業。這行業市場無限大，除了各式保險商品陣線齊全，而且只要是人就都有保險需求，都是我們的潛在客戶……」結果這麼大好的市場，我卻三個月業績掛蛋。

台語有句俚語：「滿天是金條，賣殺（要抓）沒半條。」與其人人看似都是我的潛在客戶，卻沒幾個客戶是自己有把握的，我是否該先盤點自身：我現

階段能經營的客群（市場）是哪一種？公司的那一種產品是我能自在發揮？就在面臨公司考核的最後一個月，我終於找到自己的「利基市場與商品」，同時也在三十年前，從事保險銷售第一年的年薪就達百萬。

十二年前，當我決心創業，踏上講師之路的初期，我又不小心重蹈覆轍。當時我心想，既然各行各業都需要銷售，那他們都是我該努力經營的客戶。這回又讓我瞎摸索近半年的時間，不但賠上當初準備的創業基金，甚至還動用貸款苦撐。

幾經思考後，我便決定，與其想像市場無限大，倒不如弱水三千只取一瓢，聚焦在只針對業務團隊提供我的銷售訓練。當時同業的朋友開玩笑地對我說：「做教育訓練就是要拜訪總公司啊，他們手上掌握了訓練預算。你怎麼反倒經營沒有訓練預算的業務團隊？不會有好結果的……」不到一年的時間，我公司的營業額，不但讓同業們刮目相看，一路至今，我也在銷售訓練領域小有一片天。

除了以上我個人的兩段親身經歷之外，這十多年來，每當我在輔導銷售團隊時，我總會大篇幅的帶領學員探討，誰是你的目標客群？千萬別想著要包山包海，更別像我的兩段經驗般。不知道利基市場在哪裡，憑什麼在高競爭的紅海中勝出？

作者在這本《鎖定小眾：市場越窄，獲利越大》中不但用自己的親身經歷帶出許多非常棒的觀點，還提出相當具體的思考方向與做法：先大量累積經驗，用察覺力鎖定利基市場，你更容易成為專家。

我很喜歡作者在書中的一段話：「只要你做的事沒有其他人在做，你就會一枝獨秀。」不論你是從事銷售，或是創業者，想要勝出？衷心推薦這本書給你，絕對能讓你發光發熱！

（本文作者爲行銷表達技術專家／超業講師／Podcast 銷幫幫主）

好評推薦

我在美國提供專門扶助卡車事故受害者的服務，已經擁有一家全國性的法律事務所，也建立了知名度。任何人都可以透過克里斯說的縮小範圍而取得成功，我就是鐵證。保持專精，魔法就會出現。

——Joe Fried，美國知名卡車事故法律扶助律師

有時你必須立足在一個別人沒有意願耕耘的領域。利基市場不僅是一個有利可圖的機會，還可以產生巨大的社會影響力。

——Mike Papantonio，美國知名侵權行爲法律扶助律師

最強大的事，莫過於在一個沒有得到足夠服務的利基市場中找到自己的聲音，並建立一個社群。

——Shay Rowbottom，雪羅博頓行銷公司執行長

這本書滿滿的乾貨。我真的很認同克里斯的建議。許多關於小眾市場的著作都會建議立即鎖定利基，並沒有告訴你當中的利弊。在我看來，任何有興趣深入了解如何在一個利基市場制霸與開拓業務的人，都應該讀這本書。

——美國讀者 Ana********

我本來以為自己懂利基市場，但讀這本書時，我不斷被獨特的建議和觀點打動，也是我從未在大眾媒體看過的。這是只有在利基市場上累積豐富經驗才能有的見地。

——加拿大讀者 Gr****K*****

目次 CONTENTS

第2章・覺察力

第3章・專業知能

第4章・加值定價

第5章・轉換率

第6章・關係資產

第7章・引薦機會

第8章・效率

前言

利基市場蘊含你的財富

我至今獲得的任何成就，多少都可以歸功於「鎖定利基」。❶

二〇〇六年，我除了在高中全職擔任籃球教練與負責學生留校察看的主任之外，也開始從事聯盟行銷這項副業。我架設的第一個網站以「甩掉雙下巴」命名：losea doublechin.com。一開始只是當成好玩而已，但其實背後的原因是，當時一想到要解決飲食法與減肥產業的問題，我就感到壓力好大。我不是醫師，又沒有醫學背景，覺得自己所知甚少，沒自信學會這麼廣泛又複雜的主題。另一方面，下巴只是身體的一小部分，我心想只要盡量閱讀各方資訊，就

❶ 譯注：本書的 niche 主要譯作「利基」，也會視行文脈絡交替使用「小眾」。

可以對這個領域有足夠的了解。

我架設好網站，沒多久它就躍升 Google「double chin」搜尋結果第一名。這個網站本身其實很爛，但連續數年排名穩居第一，大獲成功，也賺了很多錢。

接著我開始思考：「這個網站居然這麼成功，可是我根本還沒拿出全部的本事啊。我絕對可以再次做到！」

我總共又架設了八十個網站，東賺一百美元、西賺兩百美元，但都不如「double chin」網站那般成功。多年以後回想起來，我犯下的第一個錯誤就是沒有正視自己做對事了。我明明鎖定利基了！

我早該看見真正的流量密碼，然後堅持下去。

我決定成立數位行銷代理商時，架設了 attorneyrankings.org（現在網址已改為 rankings.io）。我清楚自己想待在法律圈，但是又害怕每次放棄一項服務，就會衝擊營收或不利定位。不過實際上，每當我關起一扇窗，其他的門就會打開。我一找到搜尋引擎最佳化（以下簡稱SEO）的趨勢後，事業也開始越來越成功。

後來，我拜訪商業顧問公司偉事達（Vistage，專門服務各大企業執行長的私董會）進行首次商業評估時，得到的建議是：「你要把服務範圍擴大到醫生、一般家庭與其他小眾市場，因為你在法律這一塊做得很好啦。」

我並沒有聽取自己內心的意見，也沒有從過去架設一堆附屬網站的經驗中學到教訓，反而乖乖聽從了私董會的意見（回想起來，他們所處的產業與我完全不同），一心想爭取更多資金。

我簽約合作對象多了一家牙科診所，以及其他小眾市場的客戶——結果成長動能竟然放緩了。我明明有了更多的銷售對象，但成長速度卻變慢了。如果你看過股票市場圖表，上面鋸齒形箭頭表示漲跌，那當時就是直直往下的紅色大箭頭。我不斷問自己：「這是怎麼回事？」

你也許猜到答案了：我太看輕自己主攻法律市場的專家定位。

幸好，我沒有在這條路上停留太久。我們調整好自身定位，箭頭才又開始往上。

這次，我總算學到教訓。我們公司鎖定小眾市場，專門替人身傷害律師提供SEO服務，促使公司過去五年都躋身《Inc.》五千大私人企業之列。

我還了解到，我至今所有的成就都是來自偏執般的專注。我在一場一萬四千人參加的撲克比賽中獲得了第四名，只因為我整整一個月幾乎是廢寢忘食，認真複習四萬種撲克牌組合。我還是一流的卡牌遊戲玩家。卡牌遊戲有許多種族可玩，但我只把其中幾個種族鑽研得透徹。我的運動表現也很亮眼，是因為專注於籃球這項運動，不僅參加籃球夏令營，更把所有的時間和精力都用來練習籃球，因此成為聯盟隊長，後來獲得大學籃球獎學金。

我會在後文詳細地分享這些經歷，但現在我只想說，我的成就真的都歸功於「**鎖定利基**」。

鎖定利基不就是要開口拒絕嗎？

每次我考慮要鎖定利基，感覺就像要跳下懸崖，起初確實很可怕：「如果我不清楚自己在幹麼呢？」「如果我失敗了怎麼辦？」但每次我邁出步伐後，最後都證明這是非常有建設性的決定。

為什麼？**因為鎖定利基的意思，是從豐盛和成長的出發點向前邁進**。

許多人一聽到鎖定利基，首先想到的是匱乏，認為機會變少了、賺錢或拓展事業的能力減弱了，認為是某種「剝奪」。許多人之所以對「利基」滿懷恐懼，是因為他們覺得掌握單一領域，就是拒絕其他領域。這確實沒錯，鎖定利基的確意味著要拒絕上門的生意、限縮你的市場。舉例來說，對我而言，想要成為出色的籃球選手，就必須專注於打籃球，也就代表會壓縮我練習打棒球的時間。

但在現實中，**鎖定利基其實帶來了機會與選擇權**。就算你在選擇某項利基市場後，獲得了非屬個人專業領域的潛在客戶，你也不見得要拒絕。在多數情況下，你會因為這不是自己專攻的重點而拒絕，但假如你格外想探索這個機會，當然也可以選擇接受。在部分情況下，你也可以真心從旁協助不屬於你利基的事，所以這件事並不是非黑即白、拒絕或接受的二分法。

鎖定利基可以讓你學會拒絕，也打開了機會的大門，能探索更多、更好的可能性。

你只要明白，自己不必因為鎖定利基市場，就把其他賺錢機會拒之門外，就有助消除部分恐懼。我很慶幸，自己雖然選擇專門替人身傷害律師提供SEO服務，但這不代表沒有其他機會找上門；我主要服務對象是人身傷害律師，但只要我認為有意義，依然可以選擇接下其他類別的案子。

其實，我現在手上的四十五名客戶中，就有三名不是人身傷害律師，數量也許不算多，但也代表我有三次跳脫自我利基市場了。

最近，一位離婚律師對我說：「我們開始合作吧！」

我知道自己可以協助他們——不僅要下的關鍵字和SEO策略相似，而且他們抱持的態度正確，所以我一口答應了，但我並不會打著「人身傷害」與「離婚法」SEO兩項服務的招牌來行銷自己。

「鎖定利基」不僅不會縮小你的選擇範圍，還會帶你進入充滿無限可能的世界，接納適合你和你企業的客戶，這些人才最適合由你來幫助。

利基市場正是你的財富所在

說故事一直是我常用的教學方法。

我曾說故事給一群高中生聽，內容是不被看好的籃球新人，如何透過正確的選擇和努力躋身一線球員之列。我也曾在網站上分享，如何運用乾淨飲食和規律運動來甩掉雙下巴。我希望透過本書提到的故事，幫助你從我的經驗（包括踏上正途前所走的冤枉路）中學會掌握自己的利基。

在這個過程中，我會幫助你以鎖定利基的視角，盤點自己現在的事業或未來想打造的事業。你會明白鎖定利基可以帶來的許多好處，以及如何輕鬆地應用於任何垂直市場。你只要決定最能有效受惠於服務的對象，就會懂得釐清鎖定利基是否適合自己。最後你會發現，不必進行大量研究或花大錢也沒關係，因為你其實早就蒐集好所有資料了。

你選擇了一項專業後，就能大幅提升你的專注力。鎖定利基讓你得以脫穎而出，脫離廝殺的紅海，找到寬廣的藍海，進而獲得顯著的優勢。

這並不是說一定沒有缺點，只是你鎖定利基市場的利大於弊。我們會在第 1 章討論鎖定利基的潛在缺點，其餘章節則會說明「鎖定利基」的所有優點，以下舉幾個例子：

- 更懂得覺察周遭的機會，可以選擇把握或拒絕。
- 花大量時間練習累積專業，成為該領域佼佼者。

- 更敢開出高價，因為要成為專家想必耗費大量時間，所以一般人就願意多付點錢。
- 更容易把潛在客戶轉換成正式客戶，因為你更了解利基市場受眾。
- 與同業的關係較好，因此彼此之間較多善意。
- 提高效率，因為你會開發出固定流程協助自己和客戶。

容我先說明一下，鎖定利基並不適合所有人，本書也不是要說服你每家企業都應該服務利基市場的受眾。如果你自己就是老闆，也很滿意現在的利潤和競爭方式，讀完本書後仍可以決定按照過去模式就好。我曾見證過許多創業家，無論是賣 Facebook 廣告或炸薯條，都能透過鎖定利基對事業產生正面影響，但我並沒有自大到以為自己能針對每家企業提出最佳解決方案。我只是單純想分享個人鎖定利基的經驗、從中受惠的過程，以及透過何種方式，你說不定也同樣能受惠。

本書也不是帶你一步步找到個人利基的指南，因為鎖定利基市場的決定本身獨一無二，我固然可以初步介紹相關知識和統計數字，供你自己統整釐清，但我無法為你做出決定。讀完本書後，你就有必要資源來得出自己的結論了。

我很高興能邀請你一起回顧我的旅程，也迫不及待地想讓你了解為什麼我深信，**對大多數企業來說，利基市場蘊含你的財富**。

第 1 章

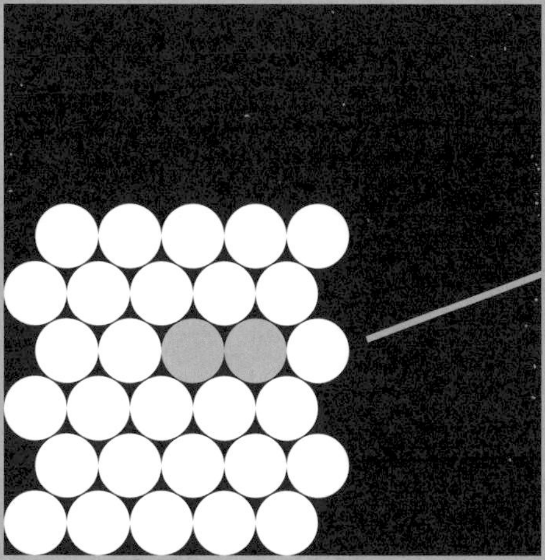

「鎖定利基」的缺點大進擊

我第一次看《星際大戰二部曲：複製人全面進攻》時，就立刻注意到吉奧諾西斯戰役中有一把光劍不大一樣。畫面中，一群絕地武士正在交戰，揮舞著《星際大戰》影迷再熟悉不過的藍色或綠色光劍。

但稍微仔細觀察，我便瞥見了奇怪的地方，又多看了一眼，只見一道紫光在我眼前來回晃動，我說：「太狂了！是誰在用紫色光劍砍機器人？」

握著紫色光劍的絕地武士正是魅使．雲杜，由演技首屈一指的山繆．傑克森飾演。原來，這把紫色光劍是傑克森所設計，就是希望看到像我這樣的反應。魅使之所以揮舞紫色光劍戰鬥，其實是演員自己的主意。

數家雜誌引用傑克森的話指出：「我們有這麼大型的戰鬥場面，一大堆絕地武士在打來打去。我就想，哇咧，場面既然這麼浩大，我要先找到自己啊！我就對喬治說：『你覺得我可不可以改拿紫色光劍呀？』」

他單純就開口問問，誰曉得二流演員同樣運用這項策略是否會被採納呢？我的意思是，你能想像默默無名的演員向喬治．盧卡斯要求特殊待遇，好讓自己在《星際大戰》電影中更吸睛嗎？但這可不是隨便一個演員提出要求都會獲准，而是電影圈的大咖才有辦法做到，而他只是想確保自己（和影迷）都可以在大銀幕上找到他！

因此，傑克森得到他指定的紫色光劍，而影迷看到任何打鬥場面時，都能從一群演員中認出他。戰場上其他絕地武士除非露臉，否則你可能無法區分出他們，但多虧了傑克森手上的紫色光劍，再遠你都絕對認得出魅使。

鎖定利基不是宅宅的專利

上面有關《星際大戰》的冷知識，到底和行銷有什麼關係呢？這個嘛，魅使手上的紫色光劍，漂亮地證明了鎖定利基背後的一條基本道理：**只要你做的事沒其他人在做，你就會一枝獨秀。**

如果你既是「星戰迷」又講究利基，腦袋便自動會出現這些東西。我只要開始做白日夢，沒多久就會想到《星際大戰》，而且很可能會和行銷扯上關係。

你一定知道（特別是如果你像我一樣是宅宅），與眾不同固然很讚，卻也會帶來缺點。每位教練和創業家都喜歡把鎖定利基稱為「當老闆的最終夢想」，卻一味談論優點，往往忽略了缺點。

我理解這種本能。你向別人推銷新概念時，通常想凸顯所有的優點。但現實情況是，代表小眾的利基既有優勢，也有劣勢，雖然利遠大於弊，但這些弊也確實存在，我們需要加以因應。

為什麼呢？

因為我想指引你一條正確的方向。**我不希望你只看到優點**，一頭**栽進某個利基，然後發現對自己沒有好處**。假裝一切都順順利利只會有反效果，因為實際上，抓住利基固然有許多順遂的日子，但也可能會遇到不如意的時候。刻意無視這些現實的問題，對任何人都沒有好處。

這些缺點也不一定有解決方案，只是你在決定要專攻利基之前——當然也要在你決定哪個利基適合自己之前——需要意識到這些潛在問題。就像我先前所說，只要利大於弊，便足以彌補任何缺點。

但事先提醒就能超前部署，所以拿起你的光劍吧！我們務實地看待鎖定利基這件事，是該逐一檢視這些缺點了。

缺點一：利基市場較小

第一個缺點想必每個人都曉得：你鎖定利基時，市場就會變小，因此買家就會減少。利基的定義本身就是僅限特定的受眾，而隨著企業具體利基的不同，鎖定目標客戶或受眾的能力可能會受限，進而影響企業的成長。

簡單來說，服務一個利基市場代表顧客數量較少。

你著重較小的利基市場時，等於放棄了較大的市占率。最大的相關風險是如果沒有夠多感興趣的買家，那就沒有利潤可賺。你可以透過分析報告和調查來看看該市場有多少企業主，但市場早晚也會枯竭。

一旦你開拓了自己的市場，通常不是要創造更多的產品和服務，就是要尋找更多的客戶。我以自家代理商舉例：我們為人身傷害律師（法律產業的利基市場）提供的SEO服務（行銷產業內的利基市場）遠近馳名。如果我們在多數大城市都有客戶，就已達到市場飽和極限；這樣一來，想要進一步拓展事業，我們只能出售其他服務，或者把現有服務範圍擴大到法律其他領域——也就是其他利基市場。

這也可以從反面來看：部分客戶沒有認清鎖定利基的優勢，因此不願與專注於利基的企業合作，進而讓本來就不大的市場變得更小。舉例來說，有時我會接洽兼顧人身傷害、刑事辯護與破產法的律師事務所（很明顯，他們沒有抓住利基市場），但他們不想與敝公司合作，只因為我們專注於人身傷害的領域。正因為他們沒有選擇鎖定利基，所以看不到與自己領域專家合作的價值。這件事告訴我們，**你不僅要鎖定利基市場，還要尋找在其他產業鎖定利基的合作夥伴**。正如「同類相吸」，相同的專業也會互相吸引。

缺點二：浪費

第二個缺點可能不如第一個那麼明顯，那就是你專攻小眾市場時，可能會花費更多心力與金錢才能觸及目標受眾。想要運用廣告和其他傳統行銷形式鎖定這類市場，實屬困難。

如果我想把SEO服務賣給人身傷害律師，就不能運用傳統行銷通路來提升人身傷害SEO排名，因為這類字詞本來就不常被輸入Google。我也不能單純透過Google廣告來針對相關字詞出價，然後指望出現大量的潛在客戶（儘管美國有大約九萬三千家人身傷害律師事務所，這些字詞每個月搜尋量大約十次）。❶

儘管Facebook和Google廣告在投放上已有大幅進步，但仍然缺乏足夠具體的資訊來滿足你對許多利基市場的需求。

而對於人身傷害律師專攻的小眾主題，比如卡車事故或大規模侵權行為，這點就更加明顯。如果佛萊德葛伯律師事務所（Fried-Goldberg LLC）旗下的人身傷害律師、專門處理卡車事故的喬．佛萊德（Joe Fried），出價買搜尋字

❶ 根據估計，二〇二一年美國大約有九萬二千九百位人身傷害律師，占美國律師總人數的五%到七%之間，參考：https://adidemlaw.com/blog/2019/08/24/size-of-personal-injury-legal-market/。

詞「motor vehicle accident」（車輛事故），因為這比「truck accident」（卡車事故）更常被人搜尋，搜尋結果也會顯示一般人搜尋摩托車和汽車事故的相關資訊，摻雜在他真正想搜尋的卡車事故中。

我也無法進行太過單一的行銷，比如買廣播廣告，因為這樣我要怎麼觸及所有人身傷害律師呢？假設我可以在體育廣播電台買廣告，但是真的有夠多的律師會聽那個電台的節目，充分發揮該廣告的價值嗎？不太可能。我可以在付費的法律索引資料庫打廣告，卻又沒有專門針對人身傷害的分類，因為需求量不大。

鎖定利基市場真正需要的是**「經營關係」**，因為你不能像大部分產業那樣透過直接行銷來打廣告。我都會參加人身傷害律師的會議，這樣就可以打入他們的社群互動。同樣的，喬．佛萊德也成為卡車事故的思維領導者（thought leader）。我會在第 6 章更詳細地探討「關係資產」的概念。

由於你鎖定的是單一族群，所以必須花更多的錢來獲得客戶，而如果你有比較廣大的受眾，同樣的成本則會帶來更多的客戶。這件事其實沒那麼單純，光是叫人身傷害律師在路上立一塊招牌、買下電台廣告說「大家好，我是一名人身傷害律師。受傷了記得聯絡我」，不見得可以有效觸及一大堆需要服務的潛在客戶。

在許多情況下，花費更多成本吸引的客戶其實也更有價值，因為你可以收取較高的費用（以人身傷害律師來說，等於可以賺取較高的勝訴酬勞）。後面章節也會提到鎖定利基市場的其他優點。

缺點三：競爭

鎖定利基市場也會導入競爭。你也許是開拓該市場的第一人（或屬於先鋒部隊），可是一旦獲得一點成功，其他人看到你經營得有聲有色，就可能會開始心想：「欸，我也可以辦得到啊！」

只要看看汽車產業的歷史就能找到證據。在亨利・福特之前，沒有人擁有汽車，所以他可以把車賣給一大堆客人。一旦每個人都有了車後，他就沒辦法再賣給他們同款T型車了，必須生產別款的汽車。還記得我在第一個缺點說什麼嗎？一旦你開拓了自己的市場，通常不是要尋找更多客戶，就是要創造更多產品和服務。

重點來了：福特找到非常好的利基市場——剛好成為首家汽車製造商，這也引發了競爭。你只要成功找到自己的利基，其他人就會因為你的成功而群起仿效，緊緊跟在你的身後，踏上你開拓的道路。亨利・福特當然也想繼續生產

T型車，但他沒辦法，因為雪佛蘭和其他汽車製造商開始進入市場，他不得不生產別款的汽車。

如你所見，這些缺點可能會相互加乘，像是市占率較小，又會引發競爭，不見得是簡單的二選一。

喬・佛萊德最初是唯一專攻卡車事故的人身傷害律師，所有人都以為他瘋了。但當他開始把這項專業發揮到極致——現在他是全美首屈一指的卡車事故扶助律師，許多律師就紛紛冒出來追隨他的腳步。他們就是讓他先打頭陣。

同樣的，芝加哥雷凡＆佩康提（Levin & Perconti）律師事務所合夥人史蒂芬・雷凡（Steven Levin）是開拓安養院疏忽案件這個利基市場的首批律師之一。如今，他不僅有了法律上的判例，也因為開拓利基市場而吸引一大堆競爭對手。

引發更多競爭絕對可能成為鎖定利基市場的缺點，但就像大部分的缺點一樣，換個角度也可能會看到優點。在《不敗行銷：大師傳授22個不可違反的市場法則》一書中，作者艾爾・賴茲和傑克・屈特強調，其中一項法則就是「成為市場第一人」。亨利・福特就是生產汽車的第一人，我們才不去管誰是第二。從知名度的觀點來看，首先進入利基市場的人絕對有優勢。

這個缺點的另一個面向就是，你在打造利基市場初期沒有競爭對手可言，不過正因為有競爭對手緊隨不放、想方設法要挖走客戶，才會刺激你精益求精、持續地成長和創新。

亨利・福特的T型車看起來實在很醜，但這並不重要，因為當時它是世界上唯一的汽車。其他公司開始生產雪佛蘭等外型較亮眼的汽車時，福特不可能光生產附四個輪子的車身就好。假如他在自己的領域從未遇過任何競爭對手，我們現在駕駛的車子可能截然不同，而且速度肯定不會這麼快。

同理可證，伊隆．馬斯克的特斯拉讓所有人都開始談論電動車；等到特斯拉真的上市了，福斯、速霸陸等業者也開始生產電動車。這樣一來，**競爭既可以是缺點，也可以是優點**。

缺點四：缺乏多元

一旦你決定了利基市場，工作本身就不再多元。你差不多會一直在做同樣的事、和同一群人溝通。如果你對工作缺乏熱情，一切就會變得單調乏味。

我們就以籃球運動為例（我不只是宅宅吧！）。想像一下，假如你每天都非得要打籃球，也許就會覺得筋疲力盡，或逐漸覺得生活日復一日，沒有創造力、沒有學習、沒有新挑戰，也缺乏全新體驗。對於不打籃球的人來說，這可能聽起來十分乏味，但對於熱愛籃球又認真看待該運動的球員來說，打球的體驗截然不同。他們的教練會分析比賽、幫助球員練習不同的投籃、鼓勵他們提升在球場上移動的速度。他們的練習並不是日復一日毫無變化，你的工作很可能也不是一成不變。

我的意思並不是專業人士不會對自己的利基感到疲乏。想想麥可．喬丹就好，他堪稱有史以來數一數二的傳奇籃球選手。但就連他都有一段時間，改去美國職棒大聯盟打球。也許當時他厭倦了打籃球，想打棒球來接受新的挑戰、學習新的能力、探索新的領域。

然而，最終他這個興趣並沒有持續下去（一般人不會說麥可．喬丹是了不起的棒球選手）。喬丹的例子充分說明了，**日常過度單調可能是利基市場的一個缺點，而且可能沒有解決方案，事實就是如此，我們也不必否認**。

我個人並沒有類似的經歷，因為我的個性超級好勝，但是部分創意工作者可能會覺得做同樣的事很單調。無論你的個性如何，如果你對自己當下所做的事缺乏熱情，很可能就無法推出優質的產品，一開始也不太可能考慮這個利基市場。

如果本章列出的缺點讓你放棄鎖定利基市場，也許你對該利基沒有必要的熱情。畢竟你需要有熱情，才可能願意投入更多資金來獲得較少客戶。你肯定得先有原動力，一切的付出才會值得。

缺點五：產業風險

產業風險也是鎖定利基時容易想到的缺點之一。想想看，假如新冠肺炎疫情來襲時，你剛好在郵輪產業工作。突然之間，船隻成為人人眼中的疾病散播來源，一般人普遍抱持的態度是：「誰沒事想搭郵輪啊？」那就算你祭出頂級的郵輪，上頭有超讚的溜滑梯、附贈高級自助餐、外加神乎其技的魔術表演，全都不重要——因為新冠肺炎肆虐時，沒有人想搭郵輪。

每個產業都有一定程度的風險，許多人身傷害律師要經手大量的交通事故。但在新冠肺炎疫情之初，在家工作的人多了，開車出門的人也就少了，也代表交通事故、伴隨它而來的案件與和解需求大幅減少。我並非經營人身傷害律師事務所，但因為提供服務給這些事務所，也連帶受到影響——他們手上的車禍案件減少，花在行銷上的錢自然也會縮水。

在前幾波疫情中，許多餐廳被迫歇業或改變經營方式，但隨之而來的是科技進步與創新被迫加速。突然之間，外送業者 Grubhub、DoorDash 和 Uber Eats 成為這些餐廳做生意的命脈，一般人也不必再決定晚餐要煮什麼了。

以前凡事都得親自出庭的律師，現在可以運用 Zoom 線上出庭了。

我們在疫情期間看到的科技創新是一把雙面刃，因為這些創新會快速淘汰所在產業的特定面向。假如你擁有一大堆計程車，Uber 和 Lyft 對你就不利了。同樣的，我們這一代見證錄影帶被 LD 取代（還記得嗎？我根本在透露自己的年紀），再來又被DVD取代，現在則流行串流媒體，就連實體信件也差不多過時了，因為大部分的事都已數位化。

如你所見，選擇利基可能會有科技上的風險。一旦未來出現飛天汽車，誰曉得我們是否還需要專門處理交通事故的律師（畢竟我從未見過卡通《傑森一家》裡的角色在空中相撞）。隨著這些創新問世，還會出現一連串我們現在甚至預測不到的全新問題，科技進步也必定會淘汰部分既有的利基市場，但一定有人要鎖定新的利基來解決這些問題。

每個產業都會有自己的風險，但只要出現風險，就代表產業創新與顛覆的契機已然成熟。這是優點還是缺點呢？答案由你決定。

缺點六：力求產品完美

鎖定利基市場另一個潛在缺點是：力求產品完美。市場上的競爭逼得企業得發展完善的策略，以及改善解決方案。**由於小眾市場的潛在客戶更少，因此容錯空間也更小。你必須能提供完全符合客戶需求的產品或服務**。

這代表你的機會變少了，利基市場內的買家就這麼多，你不可能生產劣質產品，以免無法從別的地方彌補業績。你明明說自己是專家（鎖定利基就是這個意思），可是假如表現不符買家的期待，就形同失去一切誠信和信任的基礎。每次談生意都是以信任當基礎，一旦別人對你失去信任，這筆買賣就做不成了，未來的銷售機會也將大量縮水。

如果你的努力最後落空，恐會在小眾市場上損害個人聲譽，造成未來你再向這些人銷售產品的機會不大，就算換成品質更好的其他產品也一樣。即使你才剛剛起步，也必須把握每個機會，努力展現最好的自己；即使你剛剛進入自己的利基市場，還沒有完全搞清楚狀況，仍必須全力以赴、打出全壘打。

關鍵在於：每次你推出全新產品或服務時都是如此。即使你成功地把第一款產品賣給市場上的每個人，下一款產品問世時，這個缺點也會再次浮現。你擁有了一款全新的產品，就要重新面對徹底失敗的可能。

缺點七：增加買家的努力和犧牲

最後一個缺點可能是最為明顯：**你在鎖定利基市場時，可能反而會讓買家付出更多努力和犧牲，消費起來更加麻煩**。舉例來說，約翰要買一支手錶和一雙鞋子。如果他去勞力士手錶的小專賣店，就不得不犧牲更多的時間和精力去另一家店買鞋子。如果能在一家店全部買齊就方便許多，像沃爾瑪既賣手錶也賣鞋子。

另一個例子是，如果我們客戶想要完整的數位行銷活動，就必須接洽不同供應商，因為我們只提供SEO服務。因此，他們要安排更多會議、和更多窗口聯絡等等，也就更加辛苦。

實際上，這正是沃爾瑪開始在店內賣蔬果雜貨的原因。它的創辦人山姆・沃爾頓其實不想賣農產品，但他知道顧客覺得一次買齊家用品和食品比較方便。直接去無所不賣的大超市，也比分趟前往不同小專賣店容易許多，儘管這些小店的個別商品可能品質更好。顧客在兩家小店分別購買的商品也許價值更高，但可能會為了想單次買齊兩件商品，選擇犧牲一些品質。❷

但專攻利基也不是全都缺點唷！

你逐一檢視「鎖定利基」的缺點時，就會發覺這些缺點不少都彼此相關。假如進入利基市場卻沒競爭對手（市場上沒有其他同業），你的產品可能就不會進步，因為有對手才會逼你推陳出新。如果你的利基超小，舉個極端的例子好了，假設只有十個買家，你設法把產品賣給其中一個人卻沒有成功，那等於你只剩九次機會，而且在那九個人眼中，你的聲譽可能已受損。在利基市場中，你不可能拿假本事來充數，而是必須當該領域的專家，因為你的機會有限。

就我所知，敝公司在草創時期，是首家專門服務人身傷害律師的業者，市場上根本沒有任何對手。我們的成功引發同業仿效，不僅跟隨我們的市場定位策略，也模仿我們的焦點取向。雖然他們不完全採用相同的利基，但的確看到這個方法所帶來的好處，於是在許多方面的作為都把我們當成榜樣。

隨著不同產業和不同市場的差異，對於上述缺點的體驗深淺不盡相同。我無法說出屬於你的市場、利基或子領域的具體細節，但一般來說，前文列出的

❷在創業家艾力克斯・霍爾莫奇（Alex Hormozi）所著的《一億美元的出價》（*$100M Offers: How To Make Offers So Good People Feel Stupid Saying No*）一書中，提到「價值方程式」，其中就納入了「努力與犧牲」這項因素。

缺點是所有人多少都會遇到的問題。

你的市場規模越小，這些缺點就越快浮上檯面。如果你想在法律產業提供SEO服務，可以把自己行銷給一大堆律師事務所，可是你一旦專攻人身傷害案件的利基市場，客戶數量就會銳減。如果再進一步專精人身傷害的子領域，比如集體侵權案件，你可能就會更快遇到問題。

務必注意，**你的利基越挖越深，這些缺點越快出現，你承擔的風險也就越大**。

我無意把你嚇得不敢去鎖定利基市場，但我也不希望你毫無認識就誤闖叢林。現在，你知道鎖定利基可能造成的劣勢，接下來的章節就會專注於鎖定利基所帶來的優勢，以及如何善加利用這些優勢。

我在下一章提出的觀點，會跟坊間常見的建議唱反調。許多人（尤其是教練和業師）會叫你一頭栽進利基市場就對了，但我認為在大部分情況下，你應該先廣伸觸角，之後再鎖定利基。廣伸觸角讓你較能看見本來可能錯過的機會，而第2章的重點就是要探討這類「覺察力」。

第 2 章

覺察力

大學畢業後我當上老師，但為了真的能賺點錢（噓，我當時是窮光蛋），就從事聯盟行銷當做副業。第一年，我大概只賺了兩、三百美元吧，不過到了第二年，我的副業收入居然超過主業（但如果你知道老師的薪水有多微薄，就會曉得這個門檻其實不太高）。我選擇把行銷重點放在保健領域，鎖定雙下巴這個利益市場，創立了網站 loseadoublechin.com，看起來像是在開玩笑，但部分也是因為我有過重的問題。

我自然而然地進入了這個利基市場，當時甚至不曉得分析優缺點，不過我清楚知道，如果我費心架設一個保健資訊相關的網站，等於是跟所有人競爭。然而，我發現網路上有關雙下巴的資訊並不多，心想也許成為「雙下巴大師」有其意義。

對了，應該先讓你知道一件事：我這個人很容易太過……姑且稱做太過「投入」吧。親朋好友都說我簡直有強迫症，但我覺得這只是因為我的好勝心超級強。如果我要費心做一件事，就一定要把它做好。「好」的要素可能會有所不同，但至少我想確定自己盡力而為。我開始一頭栽進雙下巴網站的經營時，這個性格特徵就凸顯出來了。我一心一意地研讀雙下巴的所有相關文字，接著全力以赴地統合這些資訊，整理成對自己的讀者最有價值的內容。

我把自己所學全部寫了下來，然後確保任何在 Google 上搜尋甩掉雙下巴的網友都能看到我的網站。不久，漸漸有人造訪我的網站，閱讀我精心準備好的貼文，說明如何消去他們下巴肥肉。我盡力為讀者提供有益資訊來消除他們的疑問，偶爾也會透過代銷產品抽取佣金。

在大多數情況下，想要減掉雙下巴，你不是得減肥，就是必須開刀。你可能會想：「不會吧，克里斯。」但我也發現，在深入研究這個利基市場時，有非常多人對於隱藏雙下巴頗有共鳴。

你知道嗎？大部分過重的男性之所以蓄鬍，是為了遮掩自己的雙下巴。

這類小發現吸引了部分受眾，但假如我只關注一般健康和減肥內容，就永遠不會發現這件事。

呃，克里斯，我想請教一個問題

我談到鎖定利基小眾，最常遇到的兩個問題是：**「我應該鎖定利基市場嗎？」**和**「我應該何時鎖定利基市場？」**

我先回答第一個問題，本章結束時再回答第二個問題。

第一個問題是，你應該鎖定利基市場？答案是：不一定。**在決定鎖定利基之前，應該先在你想進入的產業廣伸觸角，獲得更多經驗**。你也許不知道鎖定利基市場是否帶來自己所需要的優勢，或者是否有真正的機會，除非你真正了解所在產業或市場。如果你一開始就要專攻小眾市場，可能十分難找到，甚至不曉得哪個利基市場適合自己。

大衛・艾波斯坦所著的《跨能致勝：顛覆一萬小時打造天才的迷思，最適用於AI世代的成功法》是很棒的參考資料，探討如何在挑選專業前，先好好當個通才。

在進入利基市場之前，你需要累積更多經驗，這樣才能確定哪個市場可以帶給自己最佳機會。舉例來說，西班牙網球明星拉斐爾・納達爾先嘗試了多項運動，才發現自己更擅長網球，然後將全副心力投注在打網球，如今成為全球頂尖的網球選手。

你廣伸觸角、拓展經驗時，就會更加認識自己的產業、市場與潛在利基。

我在選擇利基市場之前，先在一般法律領域累積經驗。記得在那段時間，我與刑事辯護律師有點合不來；老實說，他們多半都是王八蛋（但要怪就怪體制，不要怪個人）。雖然這個利基市場就利潤來說很不賴，但出於個人的經驗，我依然決定轉換跑道。

假如我馬上專攻與刑事辯護律師合作的利基，就不會接觸到目前所處的人身傷害律師的產業（我非常喜歡這個市場），到頭來就得服務跟我不太合得來的人；假如我全心全意投入，說不定會找到一些不是王八蛋的刑事辯護律師（跟獨角獸一樣稀有），但說不定找不到，這樣一來，我就得和不對盤的人待在相同的利基市場。這就是一大風險。

好，我其實懂啦……刑事辯護律師經常針對重罪（例如：謀殺罪）替客戶進行辯護。他們不像人身傷害律師維持一貫的冷靜態度，往往得大吼大叫，對陪審團陳述自己的論點，這樣才能博得同情，替受害者爭取最高賠償。他們通常有著完全不同的個性，但從未在法律領域工作過的人，勢必看不出其中的差異。律師就是律師吧？他們會認為，只要你和律師合作，無論是哪種律師都可以，完全不會意識到這兩個利基之間的區別。

我覺得，有些人對於律師的負面觀感，主要是來自特定專長的律師。如果你忙著聲請破產或處理離婚事宜，想必不會有留下美好回憶的經驗。這些負面觀感往往牽動客戶的情緒，恐怕只會讓所有律師都惡名在外，一竿子打翻一船人。

在選擇利基之前先看一下大局，還會帶來另一個好處：**你能發覺自己在該利基是否具備天賦**。舉例來說，你可能看到翻新房屋和炒房的機會，許多人需要這項服務，就十分有利可圖。但即使看到了潛在的機會，如果你本身不是「炒房達人」（也對炒房興趣缺缺），就不可能成功。如果你在單一領域缺乏激情又沒有天賦，就不大可能出類拔萃。

覺察力是鎖定利基市場的首要優勢，所以為了充分發揮其益處，我們會著眼於累積經驗，這樣你就知道哪個利基市場最適合你。從這些經驗中，你可以蒐集做決定所需的資料。一旦你決定了利基市場，就可能發現以往甚至沒意識到的機會。

首先，累積大量經驗

現在你知道在鎖定利基之前，應該在自己的產業或市場中廣伸觸角、獲得大量經驗。

你需要有這些經驗，實際嘗試自己感興趣的領域，然後覺察嘗試後的感受。你有滿足感嗎？你可以樂在其中嗎？你知道自己在做什麼嗎？最後，你真的擅長嗎？

如果我從未翻修過房屋，就可能會低估它的難度、需要花費的時間或翻修過程的成本。同樣的，儘管有些人可能覺得自己想當職業足球選手，但他們是否具備踢好球所需要的天賦？足球圈是否難以進入？進入障礙是否合理？

此外，這些經驗也會帶來自我覺察力。假設我在看電視上的棒球比賽，心想：「嗯，看起來很簡單嘛，我敢保證自己也能做到！」但後來我真的參加一場比賽，站在本壘板，努力想揮出每小時一四五公里的快速球，根本就像一個學步兒第一次參加樂樂棒球賽。忽然間，我體會到比賽有多難。假設你正在看納斯卡賽車，心想：「這看起來雖然不簡單，但是絕對辦得到，只是一直開車兜圈子，只要知道怎麼左轉就好了！」可是一旦你穿上阻燃服、戴上頭盔，很可能就會覺得比想像複雜許多（更不用說危險了）。我的意思並不是你要站上美國職棒大聯盟的賽場，或者親自駕駛賽車，這些都只是例子，說明有時要親身經歷，才能理解真實的情況。

現在，我們來看更能引起共鳴的例子——由我來分享自己的經驗。

我在成立代理商之前，曾替許多利基市場做過諮詢——任何你能想得到的產業都有。我嘗試過五花八門的領域，只為了找到最適合自己的領域。我過去的合作對象包括律師、水電工、空氣調節公司（HVAC）、電商、甚至馬術行銷（儘管當時我根本沒騎過馬！）。我接觸這些領域後，才明白他們真正的需求，覺得很喜歡自己的工作，也看到了做生意的機會。

我在累積這些很棒的經驗之後，決定自己應該專攻一個利基市場……但是哪一個才好呢？

每個人都知道Google對大多數企業都有幫助，但我認為它對法律產業的幫助尤其巨大。我先前讀到一些文章提到，每年有越來越多律師畢業——而這些律師需要工作，進而會產生競爭。競爭一多，我知道就會有更多的機會。

然而，我和許多人一樣，曾非常害怕律師，覺得他們的教育程度比較高，老實說，也覺得他們的態度刻薄。後來，我在一家法律圈的數位行銷代理商工作，在那裡認識的律師多半都很好相處。整體來說，他們個性都非常好，我也很喜歡和他們共事。假如我沒有在那家數位行銷代理商工作過，就可能完全不會考慮與律師合作。我以前從來沒有想過，自己有朝一日會幫上律師的忙。

我成立了attorneyrankings.org，也是創業之初的名字，提供律師需要的所有數位服務，包括網站設計、SEO、社群媒體和關鍵字點選付費廣告（PPC）。

在鎖定法律圈的SEO後，我坐在商業顧問公司偉事達的一間會議室裡進行我的商業評估。每個人都對公司讚不絕口，給我許多建議，部分成員建議：「你要把服務範圍擴大到醫生、居家服務和整骨師呀。」

起初我想：「說得真好！」

於是，我不明白這個利基市場的好處有多大，就冒然拓展到其他領域，導致公司成長緩慢。我低估了自己專攻單一產業的收穫：**了解各種細微差別、學會文案撰寫和掌握消費意向，最重要的是，提供價值**。

有了這份全新的覺察，我很快就回到了原本服務的法律產業。不久後，我進一步鎖定人身傷害的利基市場。一旦我正視鎖定利基的好處，就能明白自己喜歡與誰共事，以及對誰的幫助最大。在我看來，人身傷害律師的名聲很差，主要是因為他們在電視上的形象。整體來說，我發現他們執業的目的是幫助人，而不是救護車的追逐者。任何領域都不乏酸民和負能量的人，我自己就曾被人說，專門追逐「救護車的追逐者」！

持平來說，我以前對這個產業和從業人員也有一些誤解，後來真正和他們共事、累積了個人經驗、有所覺察，想法才改變。我學會如何幫助自己的特定受眾（人身傷害律師）、從較高的視角更加深入了解，我也可以根據他們的需求，量身打造SEO服務。

真正擁抱利基市場，就需要「選邊站」。你一定只適合特定客戶，但不適合其他客群，這是你不得不接受的事實。

在專攻利基市場之前，你得先實際去體驗，嘗試看看它是否適合自己。不要光是空想著自己想嘗試的事，而是要沉浸在自己想要完全投入的情境中。

依據經驗得出的資料來做決定

我成立代理商後，有次在聽 podcast 節目訪問賽斯．高汀，他聊自己的著作《紫牛》。高汀在書中探討如何服務最小可行市場，以及如何在市場中表現卓越。大多數人認為，《紫牛》只在討論鎖定利基，但其實不止於此。《紫牛》問的是：「你要如何變得卓越？」嗯，當然要有專注力，而且常常得打入小眾市場才能有專注力。

那集的 podcast 促使我去分析我們的客戶集中度、檢視我們替哪些客戶提供了最大價值。結果發現，我們七〇%的營收來自不到四〇%的客戶，清一色是人身傷害法的律師。我先前就猜想人身傷害會是利基市場，但需要有經驗和資料才能真正做出決定。

這些廣伸觸角的經驗帶來更多的數字與資訊，幫助你決定要鎖定哪個利基市場。看看手邊的資料，確定哪些客戶利潤最高、你最喜歡與誰共事。然後，運用這些資訊來幫助你做出決定，就不必憑空猜測。

我們發現其中自然出現相關性：**我們可以透過客戶公司的成長，衡量我們服務所提供的價值**。我們發現七〇%的營收成長來自不到四〇%的客戶，不用動腦都知道要鎖定利基，專門為人身傷害律師提供SEO服務。

我開始接觸法律圈時，並不知道有人身傷害律師這個高收益的小眾市場，直到真正開始縮小焦點才發覺此事。如今我在人身傷害的領域，就知道人身傷害在集體侵權行為中有利基市場。你可以繼續深入利基市場，但在真正擁有這些經驗之前，你不會清楚地看到這些機會。

一旦我找到了自己的利基，就感到更加自信。俗話說：「能力會建立信心。」所言不假。我可以自信地與潛在客戶交談，因為我很了解他們。我仰賴過去經驗，清楚他們的身分與需求。

這份信心直接促成了更漂亮的銷售轉換率，以及更多客戶介紹來的工作，我也就更喜歡自己的工作了！（我會在接下來的章節中，仔細檢視鎖定利基的其他優點。）

能力固然會建立信心，但也能創造熱情。假如你打籃球的表現很差勁，動不動就被推倒在地，也許就不會愛上籃球。但假如你很擅長籃球——投進一顆顆三分球，觀眾加油聲就不絕於耳，你可能就會熱愛籃球。

人身傷害這個利基市場帶給我更多樂趣，也提升了自己的成就感，因為我可以創造大多數人無法創造的價值。你在銷售一項服務時，會想要符合客戶的需求，不想騙他們的錢或搞砸工作。你可以服務他人，又可以提供價值，工作就會帶來滿足（當然，你得持續提供一流的服務。假如你表現欠佳，客戶就不可能繼續埋單）。我發現自己在目前利基市場的工作，正好位於自己的文氏圖中心，也就是使命、熱情和獲利的交集。

想更了解文氏圖，可參照詹姆．柯林斯的《從A到A+》一書中提到的「刺蝟原則」。

我終於覺得自己找到了一條路。你行銷的對象是所有人，就等於是在往牆上潑油漆，其實並不知道自己的方向，或者要如何改善你的事業。一旦我找到自己的利基，就可以專注於幫助這些人，進而創造了自然的成長軌跡，就像漫威影集《洛基》中的原始時間軸一樣。

想用經驗來決定利基市場，就要看看以下資訊：

- 誰是你的主要客戶？
- 誰帶給你最大的獲利？
- 你最喜歡與誰共事？

你或許會發現，根本毫無可能性——大多數人都不會購買你的服務，或者市場其實不夠大。你研究統計資料時，還必須考慮：

- 有沒有足夠的買家？
- 這些買家是否願意購買你提供的產品或服務？
- 市場上有哪些競爭對手？需要付出多少成本才能脫穎而出？

現今我具備過去沒有的知識，因此會採取不同的方法來尋找全新利基市場：我會上 census.gov 網站，研究特定利基市場中已有的企業數量，評估競爭有多大，看看自己可能賺多少錢。

舉例來說，我一度考慮過另一個利基：殯葬業行銷。只要是人，早晚都會翹辮子，沒有人逃得了一死，所以殯葬業蘊藏著巨大的財富。這個產業有經常的開銷，不全是承包工作，這代表了保障與平衡。

然後，我上了 census.gov 網站，看看殯葬業者的數量。競爭對手是誰？他們的營收多少？這些業者會花錢做數位行銷嗎？

我發現這真是欠缺服務的市場，但不屬於強大的利基，因為一般人不喜歡談論死亡這個禁忌。因此，雖然有許多人想要開設合法的殯葬社，但殯葬業者的行銷面臨的競爭極小——幾乎可說是沒有競爭。

但最後，我和幕僚長決定不進入這個產業，因為我想到棺材內的往生者就毛骨悚然，而且我們喜歡在法律圈工作的社會地位。這真的無意冒犯任何殯葬從業人員，但我們對這個利基市場缺乏必要的熱情。

一旦你有足夠經驗，知道自己的興趣所在，就可以利用公開資料來幫助你做決定。（當然，假如你還沒有累積經驗，仍然可以看看相關資料，但你也許不會知道該怎麼解讀，或接下來的行動方案。）這就是試辦計畫和beta測試存在的原因：**了解是否有需要或需求，針對可以改進的地方獲得回饋**。

想要在你的利基獲得成功，就需要經驗、熱情、利潤與資料。問問自己以下的問題：

- 這個利基有市場可言嗎？
- 我享受在這個市場工作嗎？
- 我知道如何在其中工作嗎？（或我擅長嗎？）
- 我能從中得到報酬嗎？

最後，**你不能只因為擅長就鎖定利基，還需要賺得了錢**。

一旦你決定鎖定了利基，就能發現以往不知道的機會。

二〇一八年，科技投資人暨新創募資平台 AngelList 共同創辦人納瓦爾・拉維肯（Naval Ravikant）發布了一則有關如何致富的推文，結果在推特上爆紅。拉維肯在後來的專訪中談到自己在推特上發表的想法，他指出，你只要成為專才，具備專業知識，就能掌握其他人抓不住的機會。他舉了以下例子：

假設你是世界上最擅長深海潛水的頂尖高手。一般人都知道你會去深海潛水，而且是其他人都不敢嘗試的深度。幸運的是，有人發現外海有一艘沉沒的寶藏船，但他們都到不了那個地方。他們的好運就成了你的好運，因爲他們會來找你幫忙尋找寶藏，你也會因此獲得報酬。[1]

[1] 納瓦爾・拉維肯對於財富與運氣的看法，以及原始推文討論串的連結，請見網站：https://nav.al/rich。

如果你不夠專精，就沒有機會潛水尋找寶藏，但因為你透過鎖定利基，花了時間成為專家，就會遇到這些獨特的機會。

我剛開始進入法律圈時，還沒有意識到人身傷害是這麼棒的利基，也沒有發覺這個產業蘊藏的機會。如果你才剛開始接觸居家服務，可能就不會發覺空氣調節與水管相關工作帶來的機會，其實比電工來得好（這完全是假設的例子，我完全不了解居家服務，也不懂這些利基或次利基的機會）。

此外，一旦我知道了自己的路，就會發現在同一條路上的其他夥伴。我覺得這就像《阿甘正傳》其中一幕，阿甘戴上帽子就開始跑，有人跟隨他，是因為知道他要前往某個地方，但並不知道終點在哪裡，所以目的地也不重要了。

你在個人利基市場只替一個客戶服務時，他肯定有相同產業的朋友和同事，這些人與你都在同一條路上，你的員工也在這條路上，全部人都朝著同樣的方向奔跑——這就是動力的來源。一加一不再等於二，而是等於三或四，因為複利作用。一旦你找到了熱愛的領域，也有自信在其中執業，而且吸引到志同道合的一群人，他們不僅願意合作、能力很好又在乎工作，還可以吸引其他人加入——這就是**「阿甘效應」**。阿甘是一名優秀的跑者，而且很在乎這項運動。他並未四處推廣跑步的優點，而是單純地身體力行、一直跑步，所以其他人才會加入。

詹姆．柯林斯在《從A到A^{+}》中，把這段旅程比喻成搭公車：你想叫那些與自己願景不同的乘客下車，讓觀點和你相同的乘客上車。

當然，我們在第1章也已提到，只要你開出一條路，競爭對手就會隨之而來。不過因為他們在後頭追趕，自然也能推著你前進。想想《魔戒》主角佛羅多拿到了魔戒，卻對魔戒一無所知，也不知道該怎麼辦，甚至不知道該拿去哪裡。隨著經歷了許多事，他知道自己必須去魔多熔化魔戒。其他人因為他心中有個目的地而追隨，但這也會吸引敵人前來——獸人和戒靈追著他，逼得他跑更快。

另外，由於我是率先進入這個領域的人，收穫和後來的人不大一樣，所以他們沒有同樣的覺察力。儘管他們挑了很棒的利基市場，但他們沒有我累積的經驗當做後盾，也缺乏統計資料支持決策。他們只看到了潛在的利潤和機會，但並沒有把本章討論的內容全都付諸實踐。

在旁邊看熱鬧很容易——他們看得到我踏入這個利基市場，一帆風順，但他們看不到背後的辛苦。

接下來要拿運動來比喻囉！

如果你花時間學習如何投三分球，一開始可能投不進，但你終究會投進一顆。接著，只要你繼續努力，三分球命中率就會更高。然而，單純旁觀的人即使站在一模一樣的位置，設法模仿你在做的事，也沒辦法投進三分球，因為他們缺乏實際的學習經驗。

追隨你進入利基市場的人，也可能成為達克效應（Dunning-Kruger effect）的受害者；這個效應屬於認知上的偏誤，指知識有限的人大幅高估自己的能力。（記不記得本章開頭提到，踢足球或開賽車看起來好像很簡單？）我小時候愛打撲克牌，曾以為自己是最厲害的撲克高手，後來真的遇到頂尖的撲克高手，才知道自己的斤兩。（欲知詳情，請見第3章！）

這件事也會發生在客戶端，像是我們提供了優質的SEO服務，但偶爾客戶會低估我們的能力，以為自己也辦得到，心想：「我懂SEO啊，不但看過克里斯示範，每次會議都沒缺席，也聽過這些報告啦。」

但是他們其實高估了自己的能力，因為他們並沒有真正的知識，沒發覺單純看過別人提供SEO服務，並不等於自己也擅長SEO。他們不是嘗試在公司內部找人代操，就是找比較便宜的廠商來節省成本，最後大幅衝擊原本良好的成果。

此外，如果你強迫自己去做不擅長的事，必定會是身心的內耗。你會花費時間和其他資源，勉強在自己沒那麼喜歡的事情上得過且過——說不定有些事你早就更加擅長，做起來就不會那麼辛苦了。

但等一下，不是還有第二個問題沒回答嗎？

在本章開頭我說過，你現在可能會想問兩個問題（而且許多人也想過同樣的問題）。

第一個問題是「我應該鎖定利基市場嗎？」答案仍然是「不一定」。你有沒有先廣伸觸角、累積大量的經驗，進而對你所在的產業和市場有了更深入的了解？你有沒有利用這些經驗來研究資料，看看哪些利基市場可能會帶給自己利潤和樂趣？

若有做到的話，那答案就是肯定的！但第二個問題仍然沒解決：「我應該何時鎖定利基市場？」

我可以給你的唯一答案就是：**只有在累積經驗之後，加上明白自己對什麼事物既有熱情又有能力，以及有資料或數字支持自己的決定，你才應該鎖定利基市場**。到那時候，你就會逐漸發現全新的機會。這些機會在你找到利基前根本不會出現。

一旦你決定要鎖定利基（這也適合你的話），就會開始體驗到下一個優勢：成為利基市場的專家。第3章會詳列專業知能伴隨的好處。

第 3 章

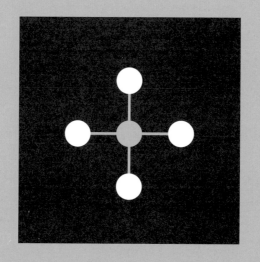

專業知能

一九九〇年代末，卡牌遊戲的旋風席捲各地，一款小眾遊戲《五輪傳奇》（以下簡稱《五輪》）剛發行就獲得不少好評。《五輪》類似於《魔法風雲會》（以下簡稱《魔風》），但獨特之處在於玩家透過專項比賽結果，自行決定遊戲世界發生的故事。

當時我並不懂《五輪》的術語，但因為懂得鎖定利基，遊戲過程可說是得心應手。

這款卡牌遊戲的背景是幻想的武士世界，靈感約略來自封建時期的日本。身為玩家，你扮演十二大武士氏族的宗主之一，每個氏族都有自己的優缺點，也有各自豐富多彩的名字。舉例來說，「蠍族」擅長詭計和騙術，而「獨角獸族」是唯一擁有騎兵的氏族。

許多玩家都是從通才的角度玩這款遊戲。當然，他們可能有自己偏愛的氏族，但往往想全部都玩。畢竟，卡牌遊戲的重點就是不斷蒐集新卡牌，所以隨著新卡牌的發行，「最棒」的氏族可能每個月都不一樣。正因為贏牌很開心，玩家想必喜歡玩時下最紅的氏族。

但這不是我的玩牌策略。我選擇只玩單一氏族：龍族。我藉由把心力都放在鑽研龍族上，才能看見許多氏族玩家注意不到的所有小細節。在玩了幾千次之後，我記下了龍族的每一張牌。假如我一直換氏族玩，絕對不可能做到這件事——畢竟卡牌動輒成千上萬張，組合更是幾十萬種。我固然對於數學很在行，但假如想理解所有牌的組合，專注力就會被稀釋掉太多。

我後來成為了《魔風》的世界頂尖選手，還在兩年內贏得兩次州冠軍。我甚至聲名遠播，成為《魔風》的大人物。一般人在抽對手抽到我時，都會哀嚎：「唉，太衰了吧！」

我一心一意只玩龍族，實踐我的「一萬個小時法則」。

沒錯，一萬個小時只玩龍族

麥爾坎．葛拉威爾在《異數：超凡與平凡的界線在哪裡？》一書中，提出了「一萬個小時成功法則」。換句話說，想要成為任何學門的專家，都需要大約一萬個小時的反覆練習。

我可能並沒有真正剛好投入一萬個小時玩《五輪》（只知道花了大量時間在這款卡牌遊戲上），但在龍族這個單一領域所投入的時間和心力，確實讓我成為了該領域的專家。

在鎖定利基市場時，專業知能十分重要，因為一般人購買與否往往取決於兩點：第一點是**信任**，第二點是**賣家能滿足他們對結果的期望**。專家實現這個結果的機率就是比較高。看看麥可．喬丹就好，他在籃球圈的地位之所以如此崇高，是因為如果你的球隊裡有他，就更有可能贏得比賽。同樣的，只要有專攻人身傷害法的律師事務所找上我們公司，也更有可能提升自己的搜尋結果排名，因為我們是該領域的專家。

為什麼十分重要？因為你是利基市場的專家時，就獲得我們人類共有的兩大動力要素：財富與地位。

AngelList 的共同創辦人暨投資人納瓦爾．拉維肯說，財富並不是零和遊戲，任何人都可以變得富有，但地位就是零和遊戲——只有一個贏家，其他人都是輸家。光想政治也知道，有贏家就有輸家。運動（尤其是個人運動項目）、法庭審判、甚至像《五輪》這類卡牌遊戲也是如此。在美國社會中，從你選擇的產業、身上穿的衣服、平時開的車款，這一切都會深深影響到你的地位，就連手機也是地位的象徵。

一旦你明白所有人都想擁有財富和地位，就會明白成為專家可以實現這兩個夢想。你是自己專業領域的佼佼者，自然可以收取更高的費用（這也是第 4 章的主題）。你既然是佼佼者，也就是贏家了。一般人都願意與你共事，或找你購買產品服務。

想想看，如果你願意誠實面對自己，很可能會承認自己之所以拿起這本書，是因為對鎖定利基有興趣，藉此來獲得財富或地位（或想兼得）。你當然可以承認自己想要財富，也想要地位，畢竟有誰不想呢！

鎖定利基也會帶來地位，因為你在打破常規。大多數人認為你應該瞄準最大的市場、進行最輕鬆的買賣，不要刻意限制你的客戶群。然而，**鎖定利基其實反而會提升你的地位，因為現在你在別人眼中獨一無二**。賽斯・高汀建議我們，不妨把它想像成一把鎖。如果一大堆鑰匙都能打開那把鎖，這些鑰匙就不值錢了。但如果只有一把鑰匙能打開那把鎖，這把鑰匙值多少錢呢？（答案：鎖的主人願意付多少就值多少。）部分專家把自己經營到一定的高度，成為唯一能在利基市場達到預期結果的人。假如你非常想要這個結果，就會願意為此付錢，因此地位也就連結到財富了。

此外，想要鎖定利基、成為在市場上脫穎而出的專家，並不是一件容易的事，因為你要付出大多數人不願意付出的犧牲。即使你在個別領域已有天賦，仍然不容易。你必須反覆練習、投入時間和精力，然後冒險嘗試。這個過程當然不快，畢竟沒有人能在一夕之間成為專家。

如果你有心臟問題需要緊急動手術，可能不會問心臟外科醫師手術要花多少錢，也不會對醫師東挑西揀。你會不惜一切成本來保命，因為這是你最重視的結果。另一方面，假如你有時間和機會選擇心臟外科醫師，很可能會問問身旁親友，評估誰是最優秀的心臟外科醫師、誰執業的時間最長？誰有最多的類似手術經驗？誰的成功率最高？因為你不想隨便找個人，而是想找到專家。

感知的專業知能與真正的專業知能

鎖定利基會帶來兩類專業知能：**感知的專業知識和真正的專業知識**。

所謂「感知的專業知識」，指的是旁人假設你選擇只做一件事，就代表你很可能擅長那件事（因為何必要選擇做你不擅長的事呢？）假設你要聘請前述的心臟外科醫師，就會因為他專科醫師的身分——花費時間接受醫學訓練拿到這個身分，而認為他是很厲害的心臟外科醫師，儘管你可能拿不出確切證據指出他真的擅長心臟手術。

你真的成為專家時，「真正的專業知能」才會出現。你把時間和精力都投入到學習中，努力成為某一領域的佼佼者；你得無比專注，付出額外的努力才能從人群中脫穎而出。

想從別人眼中的專家成為真正的專家，你需要的是專注力。你開始鑽研一個產業時，會學到很多東西，但想成為專家，你得認清自己不可能樣樣精通，所以你選擇專注或鎖定於更小眾的單一領域，這讓你可能成為該領域的第一把交椅。

利基市場最強大的元素之一，就是**全神貫注地把這一件事做到最好**。史蒂夫．賈伯斯重新接掌蘋果時，他的首要任務就是淘汰大量產品，專注於最重要的產品。然而，假設他當初決定多管齊下，同時打造三款不同電腦、四款不同手機，iPhone 可能永遠都無法問世。但他沒有多管齊下，正因為他決定蘋果要全心投入一件事，我們現在才能享有一般人既熟悉又喜愛的 iPhone。

這顯然是很了不起的決定，但他們選擇這個利基後，也形同放棄了另外三款電腦和三款手機。選擇成為領域專家伴隨著風險或缺點，最大的缺點就是：**做其他事的機會成本**。你耗費大量時間成為佼佼者，像是傳奇籃球選手喬丹，或傳奇美式足球四分衛湯姆．布雷迪，花時間健身、練球、比賽來證明自己最棒，甚至還要特意宣傳自己。但你必須慎重考慮是否要把這些時間、專注力和重點放在這個領域，因為一旦行動，就沒時間可以花在其他地方了。

富豪巴菲特表示：「對於知道自己在做什麼的人來說，分散投資的做法通常毫無意義。分散投資是對於無知的一種防範。」多數人都誤以為分散投資是件好事，但假如你就是知道股票A比股票B來得好，絕對會把資金全投入買這支股票。幸好，你要選擇什麼利基是由你掌控，不像股票市場無法掌控。

我沒辦法陪伴家中妻小，肯定會有機會成本，但與此同時，人生就是要追求幸福，而這份工作讓我很開心，也有機會對家人付出更多，給他們更多機會，這也為我帶來更多的幸福感。

想成為專家，就向專家請益

想成為頂尖高手，你必須向頂尖高手請益。我要分享自己學習玩另一種卡牌遊戲的經驗來加以說明，但是這次不是宅宅的遊戲（好啦，宅味至少有少一點），而是撲克。

我在比賽中認識了一位頂尖的《五輪》玩家萊恩・卡特（Ryan Carter），而且聽說他在從事網路行銷。後來，我搬到佛羅里達州，與他和幾位朋友合租一層公寓，同時學習網路行銷。

因緣際會之下，我越來越專注於網路行銷，而他則去打撲克了。

但萊恩打撲克並不只是為了好玩，他是認真地打撲克，還找了教練、成為職業選手，甚至在撲克之星（PokerStars）的比賽上認識了現在的太太（她當時也是職業選手），兩人至今結婚多年。

有一天我告訴萊恩：「欸，我也想學撲克。」

於是，他成了我的教練，我們一起打線上撲克，日復一日，整整持續一個月；我廢寢忘食，非常專注，把其他事都晾在一邊。在那個月內，我複習了自己輸掉的每一組手牌，前後總共打了大約四萬組手牌，因為我們同時玩著多個回合的撲克（線上打牌可以這樣，實體就沒辦法）。每次檢討都只討論我輸掉的手牌，想想有沒有不同的打牌策略？還是說我其實該做的都做對了，只是這次運氣比較背？

你大概很好奇我的玩法吧？沒錯！我打牌也同樣鎖定利基，我沒有去學所有不同類型的撲克（每類都有不同的比例、位置和手牌範圍），我只學其中一類：無限注的德州撲克。

萊恩的生日剛好是那個月的月底，我們晚上便出門喝酒慶祝一番。隔天，我們都嚴重宿醉。萊恩邊咬著披薩邊對我說：「我有點想參加禮拜天的撲克百萬賽耶。」

「入場費多少？」我問。

「兩百美元。」

「欸，我不知道自己現在有沒有那個本事。」我說

接著，萊恩說了句挺有意思的話：「我來資助你，兩百元我來出吧，到時候你獎金分一半給我就好。」

「好啊，一言為定。」

我參加了那次比賽，充分運用萊恩教我的一切，以及過去一個月複習的所有牌組，最後拿下第四名，贏得二十三萬四千美元！

許多人說：「噢，克里斯，你運氣真好耶。」他們沒有看到，我是自己創造機會贏得勝利。我不僅僅是玩了幾手撲克，而是花了一個月整整研究了四萬

組手牌，這大約相當於實體賽玩家一輩子打牌的數量。

我把一輩子的撲克實戰經驗濃縮在一個月，所以得名並不是運氣，而是因為我願意放下其他事，只專注於打牌——全神貫注地想成為專家，也因為帶我入行的師父自己就是專家。

你設法在某個領域求進步時，向該領域的專家學習是加速學習的捷徑。正如作家約翰．麥斯威爾在著作《領導的黃金法則》中所說：「有人說，普通聰明的人會從自身的錯誤中學習，比較聰明的人會從別人的錯誤中學習，而最聰明的人會從別人的成功中學習。」

假如我花時間學習如何好好地玩某一牌組，勢必要投入更多的心力。但是萊恩早已知道怎麼玩了，再加上他花費了更多時間——因此，我當然應該聽從他的指示。

一切都與時間有關。為什麼我們會重視專家？如前所述，這些人把自己在世界上轉瞬即逝的有限時間，專注於精進自我的技藝，投入時間和心力，他們不是空口說白話，而是有經驗和成果來佐證。

你準備好成為一名專家時，就投入時間好好學習方法。但如果你想成為專家中的專家、提升學習水準和投入時間，就要和在該領域累積專業知能的人學習，善用他們的專業知能，是通往專家之路的唯一捷徑。

你可以運用一萬個小時來學習、嘗試自己釐清一切。你可以先學著評估做對什麼、做錯什麼，然後學習如何調整到正確的方向。你肯定能透過這種方式獲得專業知能。另一個方式是，你仍然可以擁有專注力、投入時間，但也有一個專家擔任你的教練，這樣你就不必從頭開始學。

萊恩還是我的撲克教練時，都會鼓勵我多讀特定書籍、觀摩電視的撲克比賽轉播，我們還會檢討所有我輸掉的手牌組合；我玩《五輪》那陣子，加入了一個由菁英玩家組成的智囊團，因而常常聽他們的討論；我開始從事聯盟行銷工作後，則參與了聯盟行銷論壇，聽取頂尖高手的分享。

我除了得花時間吸收新知來成為專才，還必須利用現有的資源。電視轉播的撲克比賽讓任何想看的觀眾得以觀賽，而任何人都可以找到我讀過的書來學習打撲克（但不是每個人都做得到，所以他們才當不了專家）。但我還擁有其他人缺乏的人脈：我的師父萊恩。前文提到的智囊團和菁英論壇也幫助我提高自身水準，這都要歸功於我很努力尋找可以利用的資源。

你不僅要關注任何人都能獲得的公開資源，還要留意你獨有的機會，包括你身邊的人脈帶來的機會，或你找對地方而得到的機會。

專業知能＝教育＋應用

我開始玩卡牌時，坊間兩大遊戲就是《五輪》和《魔風》。我不太喜歡《魔風》，因為如果玩家參加比賽，就必須公開展示自己的牌組。在我看來，創造牌組的人是我，他們休想拿走我的智慧財產！

我不想公開自己的牌組，正是基於第1章中所提到的理由：你成為某方面的專家後，只要發現有價值的東西，自然會帶來競爭。我不希望公開牌組，因為其他一大堆參賽選手就可以利用一樣的資源，等於我必須與自己競爭，還要打敗自己。我花費大量時間學習卡牌，他們卻只是想撿現成來挪為己用。

但我當時不明白的是：即使我真的把牌組拱手讓人，他們也不會曉得怎麼打牌，因為專業知能攸關教育，也攸關應用。

光看影片或讀書了解如何擊出時速一四五公里的快速球（教育），截然不同於真正拿起球棒出門練習揮棒擊中快速球（應用）。**想要成為專家，教育和應用都不能少**。觀看影片和閱讀有幫助，因為這樣你就能看到基本原理，腦海中看到正確擊中快速球的樣子。練習打擊也有幫助，因為這讓你的身體學習去執行正確的技巧。但兩者結合起來才能讓你持續改善，最終提升你的能力。

你仍然必須反覆練習、參加比賽並累積經驗，同時向最優秀的人學習，但不要止步於此。運用你的收穫來提升自己，直到你投入足夠的時間和精力成為最棒的自己。

許多人願意投入時間和精力，獲得前面教育與知識的部分，卻忽略了應用這項必要條件。

還記得電影《駭客任務》嗎？在其中一幕，主角基努·李維坐在椅子上，不同能力立即下載到他的身體內。他睜開眼睛時，既不用學、也不用練，就有一身功夫了。

大多數人看到這一幕都會心想：「哇，太讚了吧。好希望我也可以把一個東西植入腦袋，馬上學習一種新能力喔！」但人生沒這麼簡單，現實世界不存在那張植入外掛能力的椅子。

但等到馬斯克完全搞懂 Neuralink 大腦晶片植入技術就難說了。假如他真的成功了，然後未來的你穿越時空讀到這本書，我想問你對於腦機介面用得還習慣嗎？

你可以閱讀一切有關功夫、棒球、《魔風》或撲克的書籍，但唯有你回到現實世界練球、練招式或玩牌，才有機會成為專家。

賽車手瑞奇．鮑比：你不是第一名，就是最後一名。

小時候，我父親就一直告誡我：「比賽就是要贏，贏了才好玩啊。」

我父親非常重視競爭（特別是體育方面）的地位。我漸漸長大後，才學會問自己：「我怎麼樣才能贏？」

雖然我不完全同意這種「第二名就是第一個輸家」的心態，但我確實從中明白了一個道理：想要技壓群雄、贏得勝利，我必須完全專注於一件事，無論是運動、撲克或鎖定利基市場，全都一樣。我必須成為專家——屆時地位和財富就會隨之而來。

前文已討論過地位，現在的焦點應該要擺在財富上了。在第4章中，我們要探討的是，成為專家代表可以收取更高的報酬，因為你值得這個價碼。

第 4 章

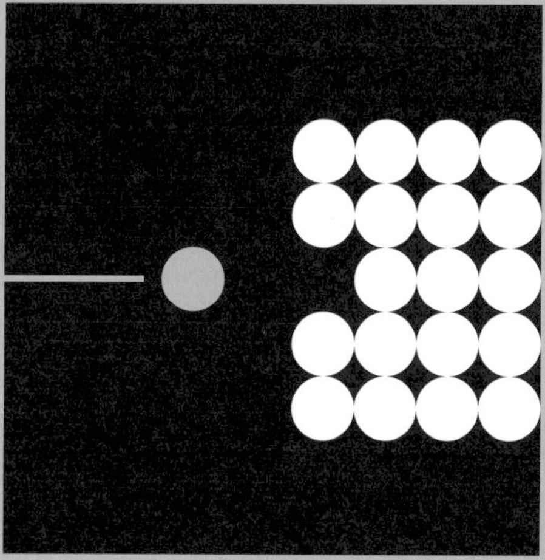

加值定價

現在假設你有雙下巴，你很不喜歡，需要甩掉雙下巴的解決方案。好，我們先來看看你的可能選項。

- 選項A：努力瘦身節食、找個教練每天好好修理自己，緊盯自己減肥的進度，縮小討人厭的雙下巴。
- 選項B：選擇動手術，找個會抽脂的整型醫師，把自己多餘的脂肪全部抽掉！

（選項C：這是我剛打入聯盟行銷這個領域時學會的訣竅，就是留鬍子遮住下巴！不過並非所有人都有能力或意願留鬍子，所以我們姑且就以前兩個選項為主。）

哪個選項比較簡單？答案很明顯：選項B。動手術只要稍微睡個覺，讓醫生開刀就好。（當然沒這麼簡單啦，我故意略過手術涉及的風險，但你懂我的意思就好！）

好，哪個選項比較昂貴？答案也是選項B。兩個選項都需要專家——個人教練或整型醫師，但整型醫師除了有取得醫學學位的專業知能，也提供更多價值給身為病人的你，也就是用更快速、簡單的解決方案來甩掉雙下巴。

簡單來說，會做抽脂手術的整型醫師可以收取更高的費用，因為這項服務快速又單純，更加吸引人。

巴黎萊雅：因為你值得

創業家艾力克斯．霍爾莫奇在《一億美元的出價》一書中，詳細說明了他口中的「價值方程式」。基本上，價值方程式就是指：**價值＝客戶心目中的理想結果＋客戶對於達成結果機率的感知**（最不費力且速度最快）。

你只要是專家，客戶就更願意支付較高費用。因為客戶相信你有能力達成他們想要的結果。

你之所以可以收取更高費用，第一個原因是：**客戶是在買你的經驗和專業知能**。你知道該在哪裡劃下手術刀、哪裡敲敲打打或往哪裡扔足球。你不必經歷從無到有的過程，而是早已學會一身能力、發展出專注力。

你可以收取更高費用的第二個原因是：**你值得這個價碼**。你明白自己所帶來的價值，而你的客戶願意付更多錢來獲得這項價值。你更有可能快速實現他們心目中的結果，減輕客戶的負擔和犧牲。

創業家蓋瑞・范納洽（Gary Vaynerchuk）在談專業知能如何賦予事物價值時，舉了一個例子：一顆籃球放在他手中一文不值，但假如放在詹皇的手中呢？這個嘛，價值可會飆到十億美元。

另一種思考這個問題的方法是運用**「鐵三角」思維**，也就是說，你可以擁有優質、快速、便宜的東西——但是在任何時候，都只能滿足這三者中的兩個條件。如果你想要物美價廉的東西，就一定無法很快。如果你想要又快又便宜的東西，就絕對不是什麼優質的東西。如果你想要又快又優質的東西，找專家就對了。

你只要是專家，就自動具備了鐵三角中代表「優質」的一邊。如果你的產品或服務不好，客戶絕對不會埋單。而因為你很擅長自己的工作，所以效率會比非專家來得高。換句話說，你已獨占了鐵三角的兩邊，所以外界不會指望你的成品很便宜。

剛開始從事SEO的職涯時，我的聘用費通常是每個月一千到三千美元不等。如今，因為我更深刻了解自己所在產業的競爭對手，也知道自己需要投入多少才能達到客戶預期結果，原先的價格甚至已不夠支付我們的最低費用。

那我是怎麼發現的呢？

我利用與客戶的每次接觸和互動，透過資料、循環回饋和回顧，蒐集我所提供的價值相關資訊。我想知道自己為客戶創造的價值，是否達到或超過了我收取的費用。如果答案是肯定的，這個價值又有多大。

然而，你是和各種產業的客戶合作時，就很難知道自己的價值。我的合作對象是人身傷害法律事務所，因此我懂為什麼Uber或Lyft發生交通事故，比其他常見交通事故更有價值（因為Uber或Lyft往往有較高的保險額）。一般情況下，共乘事故的價值更大，我因為在這個產業才會曉得。我也清楚自己的價值，所以不會貶低我的專業知能。

好囉，我的說服結束，你現在知道鎖定利基市場、成為專家後，自己就值得加值定價。太好了！但要怎麼知道該多收多少費用？何時該開始收取這筆費用？我們會在本章的後文著重討論這個問題。

何時該提高你的收費？

想要提高你的專業定價，首先得成為一名專家，這樣你才值得這個價碼。

但一開始，你正在精進能力、努力成為專家時，可以收取較低的費用、創造較低的進入門檻。一旦你努力達成的結果開始更加頻繁和規律地出現，你就會知道自己準備好提高定價了。

建立過往成功的紀錄，同時你的價碼也要在過程中跟著提高。

如果你想成為一名出庭律師，就不能只閱讀法庭審理相關的書籍，還必須真正出庭參與打官司的過程。（專業知能＝教育＋應用，記得嗎？）一旦你開始不斷地打贏官司，建立了能引以為榮的出庭紀錄時，就可以宣稱自己是法庭審理的專家，順勢提高自己的價格。你的專業知能會讓自己獲得更高勝訴酬勞和同業引薦（同業引薦是專業知能未被重視的面向，我會在後面章節進行更深入的討論）。

這也是為什麼我不太贊成有些人提出的「一開始就鎖定事業利基」的建議。你要累積各種經驗，才能發現自己的天賦、知道自己擅長什麼，進而了解如何一再穩定地實現目標。**你不能光是宣稱自己是專家，沒任何人背書就跳進一個利基市場（其實最棒的背書就是別人主動稱你是專家，不是你說了算）。**

顯然，定價可能會因產業而異，因為你選擇的利基決定了某個產品或服務對市場的潛在價值。假如你經營鄧德米福林這家紙業公司，專門賣紙給賓州斯克蘭頓市的企業，這些企業願意支付的費用必定有限。[1] 然而，假如你賣的是喜帖（其實仍然只是紙張），只因為花俏用紙在一般人眼中品質比較高，就可以收取更高費用（只是到頭來，喜帖也會跟垃圾郵件一樣被扔進垃圾桶）。

---

[1] 編注：鄧德米福林（Dunder Mifflin）是美國電視劇《我們的辦公室》（*The Office*）裡的紙業公司。在劇中，這家公司的領軍人物是麥可．史考特。

克里斯：「紙業真的是鐵板一塊欸？」
麥可．史考特：「跟我一樣硬。」

懂了吧，即使平凡如紙業，利基市場也會影響一般人感知的價值。

因此，一旦你準備好進入利基市場、宣稱自己是專家，那就可以提高你的價格來精準反映自己的價值。

蒐集你所在產業的定價資訊

恭喜你，你準備好提高定價了！但你知道嗎？你其實還有事要先完成。你必須考慮客戶願意付多少錢來獲得他們想要的成果，這代表你勢必要蒐集一些資料。

首先，**你需要資料來證明自己出類拔萃**。在運動領域，你可以查看統計資料來判斷誰最優秀。在醫學領域，你可以查看醫師的診療紀錄，看看誰的成功率最高。就我的產業來說，這些資料是指其他在 Google 首頁排名第一的人身傷害律師事務所。假如你的客戶可以查到這些資訊，這就會影響他們願意付多少錢。

你玩《夢幻足球》（*Fantasy football*）的遊戲時，一流球員身價比較高，因為他們讓球隊獲勝機率大增。因此，你有兩百美元可以花在球員身上時，就要考慮各項統計資料，看看誰能帶來最大助益。

一旦你有了相關數字來補足專業知能，就面臨以下問題：**你的買家願意付多少錢？他們會換來什麼結果？**

我們在第 3 章討論了地位，此處再度派上用場，因為你成為一名專家、收取更高價格，這個利基同時也提升了你與客戶的地位。你可以買支便宜手錶單純用來看時間，但假如你買一支勞力士，就更有可能獲得這種地位，因為勞力士是由專業手錶製造商生產的獨家高價品。

你在思考定價時，必須了解顧客或客戶會獲得的好處，也就是這會如何幫助他們實現理想中的成果。一般原子筆的優點是使用者可以用來寫東西；相較之下，別緻的鍍金鋼筆、附上特殊筆座，便象徵了地位。實際上，這枝筆可能永遠不會拿來使用，只是當做展示品罷了。

我們買東西時，並不是買下功能，而是買下效益、買下結果。為了說明這一點，我要借用《我的第一桶金》（*My First Million*）這個Podcast節目某集非常精準的例子：

如果馬利歐（正穿過蘑菇王國，目標是拯救公主）撿到火焰花，就變成了全新造型的火焰馬利歐，可以從手中扔出火球。

如果有人叫我想辦法說服他買下火焰花，我肯定不會在意它在惡劣環境下如何生長或花瓣有多漂亮，想也知道重點是：光撿起火焰花，就能扔出火球來燒死那些臭蘑菇。最終效益才是關鍵啊！

你可以因為自己值得這個價碼就提高收費，但同時必須打從內心相信自己值得。你必須表現出自己值得這個價碼，得向買家證明你無人能敵的專業——他們也會願意相信（因為確實如此）。再來，你運用統計數字展現專業知能和經驗，佐證自己是最棒的說法，客戶就有更大機率實現他們理想中的成果，也就會欣然答應支付高價來請專家協助，同時他們的地位也會有所提升。

你接受心臟手術時，當然需要心臟外科醫師，但最好能請到心臟外科主任來替你動刀，因為他理應有更多專業知能，才得以坐上主任的高位。不僅如此，你還希望是一流醫院的心臟外科主任——花大錢也沒關係。

小叮嚀：不是每個人都願意支付你定出的價碼，但這不代表你就應該降價，而是代表你鎖定正確的利基了！我們的目標是找到市場中願意付高價的小眾，因為他們也了解你的服務或產品價值。

檢測市場的支持度

當然，你終究會遇到以下的情況：一般人——甚至是你的忠實支持者——不再願意繼續支付高價。屆時，你就會難以提升成交率，因為對大多數業者來說，再怎麼努力都是徒然，一般人不願意埋單，報酬早晚會遞減。

此時，許多創業家都會犯下一個嚴重錯誤。**解決方案並不是降價，而是提升你帶來的價值**。

你必須檢測市場會支持什麼產品或服務，我認為你應該仿效我的方法：**持**

續提高價碼，直到你帶來的價值無法超過定價上限，然後再提升價值來證明較高的費用合情合理。

這一切都是攸關客戶眼中的價值和各種計算，而計算則攸關了時間。時間過得飛快，而雖然不想說得太嚴肅，但我們早晚都會死去。因此，我們最寶貴的資源就是時間，這也是我們最終要賣的東西。

回到正題，什麼才是好的報價？答案是：**你可以更快達到成果**。為什麼客戶願意支付高價？因為他們的時間同樣有限，所以他們寧願花錢買你的時間。你花了大量時間來獲得專業知能，而其他人假如願意的話，大可以回學校花時間修習SEO或大腦外科手術課程，但這不是他們的選擇，所以才會付錢請你代勞！

他們之所以付錢給你，是因為他們不想花時間學習如何做這件事。然後他們願意提高支付價碼，則是因為你的專業首屈一指。說真的，不妨去好好了解一下，**客戶有多願意為了省下這些時間，付錢買你的專業知能**。

賣家角色和地位哪個重要？

無論你是賣家還是服務供應商，都必須擁有某種地位，這樣才會有人透過購買你的產品或服務，進而也獲得同樣的地位。

喬登・貝爾福在《跟華爾街之狼學銷售》一書中表示，**你必須說服買家相信三件事：你自己、你的公司和你的產品**。

一般人會因為你的地位而寄予信任，像是擺在書架上的獎項、貼在牆上的學歷、擺在書桌上的獎牌。你為什麼會有這些東西？又為什麼一般人會在意這些呢？因為這些全都是地位的象徵，向世界宣告你是最優秀的專家。而最優秀的你，可以收取更高的費用，因為你最有機會帶來最棒的成果。

這是永無止境的循環：首先，你必須拿出成果，那你就得成為頂尖高手，才能站穩地位；然後，由於別人看到了這個地位，你也真的迅速帶來成果當做證明，他們就會支付更高的費用。然後成果越來越多，你拿到的報酬就越多。

你的小腦袋開始痛了嗎？我的腦袋滿痛的。

容我說得更簡單一點：**鎖定利基可以創造機會、創造豐盛，而且不會匱乏**。你可能會認為，縮小市場規模代表賺錢的機會減少，但在許多情況下，這其實會幫助你賺更多錢。

你現在知道自己鎖定利基、拉高價格後可以賺更多錢；在下一章，我們會探討鎖定利基另一個優點，這也會帶來更高的利潤：提升轉換率。

第 5 章

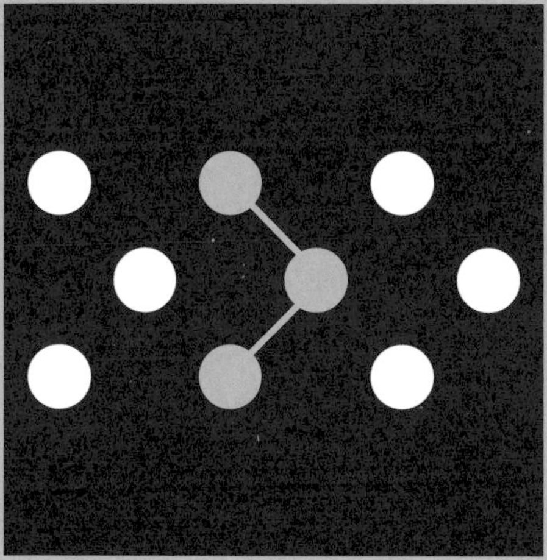

轉換率

我們全家最近剛搬到一個新社區。有天晚上，我和我太太在討論晚餐要吃什麼。於是我拿出手機，按下「附近美食」的選項。

我看了看附近餐廳的名單，發現一大堆速食：漢堡王、塔可貝爾（Taco Bell）、麥當勞等等。這其實不令人意外。後來，我出於好奇，決定看看附近有多少間不錯的牛排館，結果只有一間，同樣在意料之中，但你真的好想吃一塊高級牛排的當下，只會非常失望！

想想看這兩個極端：哪家餐廳的餐點比較好吃？牛排館。哪家餐廳消費比較高？還是牛排館。哪家餐廳的競爭比較少？你又猜對了！答案是專攻利基市場的餐廳。

速食業者競爭激烈，所以才不得不拉高「快樂兒童餐」的銷量，設法讓一般民眾埋單。你賣的是五美元的套餐時，就一定得把量衝高；但你賣的是五十美元的牛排餐時，就只需要拉攏一小群想要高級用餐體驗的顧客。

我的意思並不是牛排館一定比較好。假如你有個餓到不行的孩子坐在汽車後座，就勢必要在回家路上去買得來速，因為孩子壓根就不想吃牛排，滿腦子只有「快樂兒童餐」！

但假如你像我的話，真的想吃牛排時，一定會找好吃的牛排，無視那些速食漢堡店，直接前往高級牛排館，因為這類餐廳了解你的需求，可以端上多汁鮮美的三分熟牛排。你原本餓肚子的狀態，就會轉換成幸福感；而業者也成功地把你從潛在消費者，轉換成滿意的消費者。

不必樣樣通，只要單樣精！

在上一章談到，你以利基市場的專家身分，就能進行加值定價。本章則著重鎖定利基的另一個優點：提高轉換率。

即使收費高，你也能把更多潛在客戶轉換為實際客戶，因為你明白自己的身價、清楚實現成果所需條件，也已證明了你可以帶來價值。潛在客戶看到就會心想：「他們收費高是因為有這個身價。」

一般來說，三項方式可以增加營收：

- 獲得更多潛在客戶。
- 提升贏率（win rate）。
- 增加收費。

鎖定利基影響最大的面向，就是你提高收費的能力（前文已討論）與你的贏率——透過轉換而獲得更多潛在客戶。

鎖定利基後，市場就會有其上限。但因為你成了專家、懂得鎖定利基，就可以有更高的轉換率，並且提高定價。如果你屬於通才，也許能增加潛在客戶的數量，但可能很難把他們轉換為真正的客戶，進而提高定價，因為你不屬於任何領域的專家。

前文已證明，每次談生意其實都是攸關信任。你對自家產品或服務的功用做出了承諾，而銷售對象相信你的產品或服務能兌現（或無法兌現）這個承諾。藉由鎖定利基，你的目標是讓潛在客戶看到你在自己的領域擁有經驗、專注力和專業知能，這樣他們才更可能信任你。由於客戶對你有了更深的信任，你就更可能把談生意的對話轉換為業績。

更重要的是，你不能只是提供承諾，要有具體紀錄證明：**你可以實現客戶想要的成果，因為你確實曾解決過類似的問題**。其實，我們把這句話當做網站的標語：「誰都可以做出承諾……但我們拿得出證明。」

因為你是某個領域的專家，所以也更能與目標受眾產生共鳴。在談生意時，潛在客戶經常會問：「你還幫助過哪些人？」你在鎖定利基時，所有客戶或多或少都有類似問題，所以你可以自信地說：「我們已幫助過一百個人解決跟你相同的問題，我來分享一下方法。」

這份信心是源自於了解潛在客戶、確切明白實現他們想要成果的方法（也就是鎖定利基）。這就成了一個循環：你清楚自己在做什麼，因此很有自信；潛在客戶看到你的自信，對你產生信任；再來，你把他們轉換成客戶後，帶給他們心目中的成果；最後，你實際的專業知能會鞏固自信（你辦到了！）和客戶對你專業知能的觀感（哇，你幫我把事辦好了，現在我更信任你了！）

我要說個祕密：**一旦鎖定利基，談生意的對話幾乎不會對你構成任何困難，因為你會把所有時間都花在相同領域，面對相同的客戶群**。你會精準掌握客戶的期望，因為你老是和同樣的人合作。相較於設法賣東西給更廣泛又未細分的不明受眾，鎖定你熟悉的受眾，談生意一定容易得多。

如果我幫助一般律師進行SEO，我只大概知道他們的期望。但因為我專門與人身傷害律師合作，因此可以精準知道如何提供協助，因為我已與數百位人身傷害律師合作過。個別需求可能會有些微差異（例如：業務範圍和地點），但整體來說，他們的工作內容多半無異於我手上其他客戶。

在《龍與地下城》遊戲中選擇角色時，你看到有玩家是戰士兼法師時，一定不會認為他們是一流的戰士或法師。你八成會想，他們可以做到兩件事，但能力都普普通通；雖然是雙重職業，但只有獲得單一職業的各半技能。相較之下，假如你是純法師或純戰士，施法能力或戰鬥能力就可能大幅超越半調子的玩家。

此外，鎖定利基可以讓你更加精準，這也有助於提高轉換率。因為你是在為一小群人解決問題，產品或服務也是為他們設計，所以你可以輕易地用語言來形容問題。潛在客戶來找我時，我可以直接個別和他們溝通，精準指出他們的需求。與其說「我們幫助企業提升 Google 搜尋結果的首頁排名」，不如說「我們專門幫助人身傷害律師事務所提升 Google 搜尋結果的首頁排名」。

只要提供精準的專業服務，就會讓你在客戶心中更有記憶點，也能打造你專業知能深厚的外界觀感。我最近參加了某個專家小組討論，席間每個人都得介紹自己的工作。

第一個人說：「你好，我幫律師事務所做SEO。」

第二個人說：「我替家庭法、刑事辯護和人身傷害律師做SEO。」

輪到我就說：「我叫克里斯，專門替人身傷害律師事務所做SEO。」

在人身傷害律師眼中，選擇再清楚不過了。我之所以與眾不同，是因為我可以直接跟這些律師（也只跟他們）對話。（澄清一下，另外兩家當然有各自厲害的地方。在此只是想說明，你把自己定位成單一利基的專家，就會成為他人眼中的權威。）

最後，你把信任、證據、自信和精準等因素結合在一起，鎖定利基就可以幫你更快與潛在客戶建立融洽關係，也更容易把他們轉換為真正的客戶。如果我要去業務拜訪，遇到一位人身傷害律師說：「我們只做金字塔頂端的訴訟，所以我們只經手重度的人身傷害。」我會回答：「好喔，你是說聯結車事故、腦傷、產傷、意外死亡之類的重大事件吧……」我一口氣說出他們的需求，他們自然而然就會心想：「哇，他是真的懂耶。」短短十五秒內，他們就能看出我是這個領域的專家，也因此明白我很了解他們的痛點。

如果你缺乏在某個利基市場的經驗，大多數時候你就做不到上述的事。藉由鎖定利基，你不僅表明自己屬於他們的圈子，更是刻意地選擇打入這個圈子。潛在客戶看到你理解他們的問題，清楚他們當前的困境或需求，就會讓他們更容易相信你的解決方案有效。接著，你就用某個已證實有效的解決方案來支持這點，展現自信，因為你已幫助了許多像他們一樣的人。

建立案例研究和客戶見證

你鎖定利基市場時，有件簡單的事可以進行：針對客戶痛點建立案例研究和客戶見證。運用證據來證明你是專家，這樣潛在客戶就能看到你是如何替現有客戶解決痛點。

那才剛起步怎麼辦？可以的話，先提供免費服務。你必須要先起頭，才能慢慢往上爬，事業越做越大。

這一切都攸關了**信任、信任、還是信任**。

你完成工作後，就和客戶談一談，運用這些資訊當做回饋循環來精進。你提供了足夠的價值時，就請客戶現身說法，這樣就可以分享他們的經驗。

一切就是這麼簡單。對於一般人來說，見證文字並不難寫，他們只需要列出與你合作的經驗，不會侵犯隱私，也不太需要協調共識。

如果你想有更有力的例子拿給潛在客戶看，可以詢問現有客戶是否願意拍攝影片見證。在影片中，待開發客戶可以看到見證者本人——活生生出現在他們眼前。他們也許認為任誰都可以寫文字見證，可是一旦他們看到有張臉孔擺在文字旁邊，就會覺得聽到的經驗是來自有血有肉的人，他們使用了你的專業服務，得到潛在客戶也想要的成果。

想要進一步深入，你還可以建立案例研究。案例研究比見證更進一步，因為這要讓潛在客戶看到整趟旅程的精華。案例研究可能包括影片、實際例證、流程和可實現的成果。基本上，案例研究展示了客戶過去的處境。他們曾面臨哪些問題或痛點？在你的幫助後，他們現在處境為何？你當初是怎麼解決問題？結果如何？我們會在後文討論如何使用客戶的特定語言來補足這些細節。

此處目標是盡量提出你幫助過許多人的證據，這些人的問題全都和你當前的銷售對象一樣。分享得獎榮譽、見證和案例研究，尤其是與你的潛在客戶相同圈子的其他人。

想不想聽個小撇步？**沒有人想成為案例研究，但每個人都想成為焦點**。不要問：「你可以當我的案例研究嗎？」因為這聽起來像是你要剖析他們，不妨這樣說：「我很想專訪你，一起聊聊你的故事。」

這樣一來，怎麼可能會有人拒絕你呢？

文案要符合利基市場受眾的用語

另一項增加轉換率的方法，就是文案風格要符合所在利基市場受眾常用的語言。

用字遣詞十分重要。我運用文字或口語和自己的受眾交流時，凡是要表達「律師」，絕對不會使用「lawyer」，而會使用「attorney」，因為這是他們同業之間交流的自稱。另外，我們會把他們稱為某某領域的「the preeminent attorney」（大律師）。「preeminent」這個單字在大多數產業都不常用，但在法律這塊市場卻是相當普遍。

你要了解受眾的痛點和他們期望的成果，再用他們習慣的特定語言來談這個痛點，並承諾會實現這些成果。我知道，大多數的人身傷害律師不想只經手小型車禍案件，而是想處理造成重傷的事故。更加深入了解自己的受眾（這其實比較簡單，因為鎖定利基後，受眾自然縮小！），就有助於你寫出打動受眾的文案。

同樣的，我的文案並沒有提到「拓展你的事業」或「提升你的營收」，因為這些不是他們的用語，也因為這些用語並不具體——你要如何幫助他們提升營收呢？我面對自己的受眾會說：「簽下更多案子。」

若你要替汽車經銷商寫文案，就不會說你打算「帶動營收」，而是會說你要「賣出更多車」。你也可以更精準地說：「我要幫你賣出更多二手的豐田車。」他們的車賣得越好，錢就賺得越多，這無庸置疑。你只要說：「我的產品或服務會幫你賣出更多車。」這些經銷商就知道你懂他們提升營收的方法。

其他人都在談論營收成長和事業拓展時，運用精準的語言也有助於你脫穎而出，因為你說的是**他們關心的成果**。你在仿效他們的用字遣詞——這就會讓他們更容易留意你，因為你看起來更適合合作。

雖然這點聽起來可能像在吹毛求疵，也可能看起來是枝微末節，但這些小小的因子都會產生複利效應。

始終如一

鎖定利基後足以建立信任感、提高轉換率的另一個面向，就是確保你提供的產品服務與溝通始終如一。

《定價創造力》（*Pricing Creativity*）作者布萊爾．恩斯（Blair Enns）要讀者想像自己找了一名髮型設計師剪髮。前三次，你都剪了好看的髮型，但第四次就醜到不行。你八成不會再光顧這家髮廊了，對吧？因為設計師剪出來的髮型並非始終如一。

潛在客戶並不知道自己是否每次都能剪個好看的髮型，但他們看到你談論剪髮有模有樣、運用他們知道的詞彙、也展現你了解他們的期望，加上可以看見過去客戶的見證或成果——這些都能營造畫面感，幫助他們明白你和他們站在同一陣線。

一切又回歸到信任。你之所以成功轉換的客戶變多，是因為客戶比較願意相信你會帶來他們拚命想達到的成果，畢竟你已成功多次，你在這個利基市場有豐富經驗。

贏率

我們在CRM（客戶關係管理）軟體中都會追蹤贏率，因此擁有相關統計數字來顯示贏率何時上升，我就可以看看其中的共同點是什麼，以及我們的行動有什麼改變。

我們過去本來就有很亮眼的業績，但鎖定利基市場，而且真正在客戶眼中嶄露頭角後，我們的贏率大幅提升了。隨後，我們收費也增加了。二〇一八年，我們有八十位客戶，賺了三百萬美元。兩年後的二〇二〇年，我們只有二十個客戶，卻賺了六百萬美元。

我們的轉換率開始上升時，業務拜訪也就更加容易，內容也更加一致。而一旦業務拜訪內容都差不多，我們就能準備得更充分，改善簡報與服務品質，更能幫助我們的目標受眾，因為我們不再替一般人解決問題，而是服務特定的小眾。我們知道這些人的痛點是什麼，因此我們曉得如何打造完全針對該痛點的服務。

舉例來說，無價值的垃圾訊息在法律圈非常普遍，所以我們必須聘雇專門的員工來處理垃圾訊息，這也提升了我們的服務品質，因為我們會主動回報這些垃圾訊息，幫助客戶拉高搜尋引擎結果的排名。在大多數其他產業，垃圾訊息並不算是大問題，所以假如我們不在這個利基市場，就不會知道這對我們的受眾有多嚴重，更不用說擬定解決方案了。但因為我們了解自己所在的產業，因此曉得這就是問題，也有了適當的應變計畫。我們才可以在談生意時加以討論，進而深化信任、提升轉換率。

你了解自己的利基市場時，同樣可以了解你的客戶，提前準備你知道他們會遇到的問題，甚至在他們真正成為客戶前，就先建立他們對你的信任。

鞏固信任還會促成另一個優點：更融洽的關係。第6章會說明，你的關係如何變現。

第 6 章

關係資產

你看過《火線警探》這部影集嗎？這是一部西部風格的現代警匪劇，由提摩西．奧利芬飾演名叫雷倫．吉文斯的聯邦法警。（注意：以下微劇透！）

在第四季第一集中，有個場景是吉文斯抓住了名叫喬迪．阿德爾的逃犯，開著法警的車押送他，但一路上阿德爾不停地抱怨。吉文斯正在打電話，阿德爾又開始發牢騷：「我覺得我的手臂麻掉了。」

「閉嘴啦！」吉文斯說。

阿德爾難以置信地回答說：「我才不要閉嘴咧！」他接著說：「欸，你必須確保我毫髮無傷喔，否則你小心惹上麻煩。」

吉文斯猛踩剎車，阿德爾的頭撞在儀錶盤上，吉文斯說：「你知道你的問題在哪裡嗎？你沒有自知之明耶。你以為只要是為了自己的孩子好，就可以為一切行為開脫嗎？你甚至還敢殺人。」

阿德爾回答說：「他們是海洛因毒販啊。要是他們當初把錢丟下不管，一切就不會有事了。」

「所有問題都是別人的錯。」然後，吉文斯說出了整部影集最令人難忘的台詞：「你有沒有聽過人家說：『你早上遇到一個混蛋，那就只是一個混蛋。不過如果你整天下來遇到的都是混蛋，那代表你自己就是混蛋！』」（接著他就把阿德爾硬塞進後車箱！）

這個金句同樣適用於鎖定利基這件事。如果你服務一位律師，那代表你有一位客戶是律師，但如果你整天下來都是和律師打交道，你就和他們一樣——這正是你的利基市場。

換句話說，跟一位律師來往只是偶然、跟兩位律師來往屬於巧合，但跟三位律師來往，就奠定了你的客戶群。

賺取利息

愛因斯坦有句名言：「複利是世界第八大奇蹟。」

大多數人讀到這句話時，會自動聯想到金融和股票，但還有一種不同類型的貨幣也能獲得複利，那就是關係貨幣（也稱為「關係資產」）。

《Inc.》在二〇一六年發表的一篇文章提到，關係資產的定義是「關係夥伴之間的資源分配」。這篇文章接著提到，資產理論是「檢視雙方從關係中的收穫，是否等於或大於他們的付出。」[1]

你可以把關係資產看成是房屋淨值。你和某人展開一段關係時，無論是私人關係或工作關係，這段關係都會有「貸款」，屬於「價值債務」。你以某

---

[1] https://www.inc.com/adam-fridman/three-reasons-relationship-equity-is-the-new-lead.html

種方式提供價值來支付貸款（我們會在本章後半探討如何為利基市場帶來價值）。你繼續投資這段關係時，就是在償還價值債務，也因此獲得越來越多的資產。

在此需要說明的重點是，你並不是要立即從這段關係中得到好處，而是要先主動付出。**關係資產攸關的不是當下價值，而是攸關長期關係，這就會帶來複利效應**。

戴爾・卡內基在著作《卡內基說話之道：如何贏取友誼與影響他人》中提到，你認識一個人時，最有力量的字詞就是他們的名字。假如你剛進入一個產業，多少人知道你的名字？不太多。但你在一個產業打滾的時間越長，就越出名，也會發展出更多的關係資產。換個方式說，我的作家朋友麥可・莫吉爾（Michael Mogill）在

《改變遊戲規則的律師》（*The Game Changing Attorney*）一書中提到：「與其最優秀，不如最知名——最低調通常也最窮。」如果大家都不認識你，就不會有人想找你合作，不管你再優秀也一樣。因此，你的目標絕對不可以是保持低調。

你在利基市場培養這些關係時，可以先與較小的企業或客戶合作。你累積了經驗、留下成功的紀錄後，市場上的人會越來越認識你，就可以成為他們眼中值得信任的人。一旦他們願意信任你，更有可能把你介紹給同業。這就是成為思維領導者的方法。

這些關係會往上疊加，等到你與更大的企業培養了關係又合作時，就會得到更多的信任，地位也繼續水漲船高。**說穿了，你就是透過關係和經歷來鎖定利基。**

這一切都打造了一個世界：你周圍都是自己想要合作的人，這些人也想要和你合作，因為他們認為你是專家。

但一開始你缺乏這些人脈，不知道哪些客戶才有影響力。假如我要開始從事居家服務業，我只認識少數業內人士，需要重新開始培養勢力；但在人身傷害的領域，我認識數百人。

此外，你會發現在任何產業，職位越高就越難走到第一線面對人群。如果我跟獨立從業人員或小公司合作，可能會直接與老闆洽談。但我漸漸接觸到大型組織後，可能就得先與行銷顧問溝通，再來是行銷長或其他夥伴，最後才會真正見到主要決策者。爬到金字塔頂端需要龐大的信任基礎，因為有更多障礙、更多人必須信任你，所以你必須建立更多關係，讓他們看到你在這方面的權威。

這些關係、信任，以及你在培養關係資產時建立的權威，全部都形塑了你在利基領域的聲譽。但你不僅要建立自己的聲譽，還必須加以維護。正如巴菲特所說：「建立聲譽需要耗費二十年，毀掉聲譽只需要五分鐘。如果你考量到這一點，做事方法就會有所不同。」

你花了一生的時間在利基領域建立聲譽和人際關係。你不可能一天在某個產業獲得聲譽，第二天就換到另一個產業。**這其實是關係的長期投資，關係決定了你的聲譽，進而產生關係資產**。

那你該如何辦到？這就是我們會在本章後半討論的內容。你首先要認識利基市場的受眾、與他們打成一片，率先給予價值再提取關係資產，最後要知道避免與哪些人來往（小提示：只想索討卻不付出的人）。

我想要融入受眾

為了建立良好關係，你必須認識利基市場的受眾——這就代表要前往受眾所在的地方。

你要參與受眾的社群或協會、出席他們的會議、花時間融入聚會。一旦你認識了這些人、一起做生意，人脈就會大幅拓展，客戶就可以在會議上把你介紹給夥伴。

你只要身處產業，就好像在遊戲《凱文貝肯的六度分隔》（*Six Degrees of Kevin Bacon*）中：一定會有人知道，如何把你想接洽的人介紹給你，只要找對人就可以搭上線。只要找對人，你就會發現自己和目標受眾之間相隔的人數變少了。假如我想和擁有美國最大人身傷害律師事務所的約翰·摩根（John Morgan）談話，我很清楚要找誰引薦，因為我已爬上金字塔，認識他的左右手。我不必透過六個中間人，只要透過一個人就好。

這再次顯示了關係的複利效應。

如果你認識五個人（他們都是你幫助過並創造價值的人，我們會在下一節中提到），每個人都在會議上把你引薦給別人，那等於你就認識十個人了。如果在下一次會議上，這十個人都介紹兩個人給你，那在短短兩次會議的時間內，你認識的人數就從五個人變成了三十個人。你認識的人越多，你就有越多機會獲得介紹或引薦。（這是我們下一章的主題！）

你可能會心想：「但是克里斯，我怎麼知道去哪裡找這些人呢？」

非常好的問題。你第一次建立這些關係時，可能不知道潛在客戶在哪裡聚會，甚至不曉得他們參加什麼會議。那麼你要怎麼才能找到受眾呢？運用鎖定利基的超能力：**專注力**。

你要專注找出利基市場中受眾的一切資訊，可以線上追蹤他們，把他們加到自己的社群媒體網絡中，這樣就能知道他們的興趣。你也會了解他們的聚會地點、是哪些協會的一員、即將舉行什麼會議或活動；你會發現他們在忙什麼、他們的痛點、他們的需求，以及可能在尋找什麼解決方案。

如果你看到自己追蹤的一群人，在 Instagram 上貼了幾張他們參加某個酷炫會議的照片，不妨偷偷記錄一下，這樣你就可以計畫明年出席了。到時候，你已經建立更多關係了，這樣你圈子內的人就能把你介紹給他們的人脈。

但切勿窮追不捨

在接下來兩個小節中，要看看你在開口要求之前，還有哪些細節攸關你所帶來的價值，以及如何避免成為只接受而不付出的人。但既然我們在談論打入新的圈子（無論是實體或線上），我要在此強調這兩點都很重要。

你一定想為新的關係加值、成為你所在利基的專家，而不想成為只懂得索討而不帶來價值的變態跟蹤狂吧。跟蹤狂只會跟在別人屁股後面，因為他們從觀察中獲得所需資訊，或因為沾光自抬身價。（這就是為什麼推播式行銷如此困難；有些你明明素昧平生的怪人一直寄電子郵件來，拚命叫你購買他們家的產品。）

因此，**你要當的是粉絲，不要當跟蹤狂**。粉絲懂得給予稱讚、美言和認可。如果你開始在 Facebook（或 Instagram、LinkedIn 等等你的圈內人常出沒的社群媒體）追蹤身處相同利基市場的人，千萬不要成為整天只會盯著他們貼文照片的人，而是要去評論他們的貼文、與他們交流、主動提供協助。如果你出席某個實體會議，就直接走到他們面前，聊聊最近他們的小成就或讚美他們幾句。

但假如你就是想當變態跟蹤狂，儘管無視這個建議囉。

關係「存款」要大於「提款」

你一定希望銀行帳戶的存款多於提款，同理可證，你不會想「透支」自己的人際關係。這表示，你的主動付出要超過被動接受。

你不會剛被介紹給一個人認識，就走到他面前說：「今天就買我的服務吧！」起碼要先打個招呼，對吧？（其實，你也不應該在剛打完招呼就這麼直接。）你也不會剛認識一個人，就直接向他求婚。你得先懂得追求、必須先建立信任。你不可能一開始就提出要求，而是要先了解他們、培養好關係，以及主動帶來價值。

這些全都需要時間。你可能已注意到，我幾乎每章都在談論時間，因為時間有其價值。關係資產的意思是：**花時間去認識和了解你所在利基的所有人**。這代表要一次又一次地向他們表明，你可以幫助他們，所以你是值得認識的好人——而且不期望任何回報（只耐心等待他們撥出時間）。

唯有你幫助了一個人幾次之後，才應該考慮向他們推銷自己。

蓋瑞・范納洽在著作《一擊奏效的社群行銷術》中提到，把猛擊形容成你首先得提供價值的事物，這樣你之後提出請求時，就不會太奇怪或得罪人。（他還特別指出，你只是獲得請求的權利，並不代表對方一定要答應。）

你以價值為先時，一般人的戒心就會減少。這展現出你是擁有價值的人，不單純只是個接受者。這可能就是關係建立的開端。如果你帶來了價值，別人也更有可能重視你。

我經營的 Podcast 節目是《人身傷害金頭腦》（*Personal Injury*

❷ 如果你有興趣收聽，請上pimm.fm。

Mastermind），因為 Podcast 是同時為許多人帶來價值的有效方式。❷一集節目通常可以觸及數千人，可以償還「價值債務」，從中獲得關係資產，這比個別找人聊天更快也更有效率。背後代價是獲得利息的利率較低；你建立一對一的關係時，獲得關係資產的利率遠高於一對多的管道。

我邀請別人上我的 Podcast 節目時，並不是叫他們和我做生意；我是想邀請他們來當節目來賓。這本身就是加值服務，因為我們都在聊來賓的事。在節目最後，我沒有叫他們當我的 SEO 客戶，反而宣傳他們當來賓的這集節目，等於提升他們的曝光度。

後來他們思考與誰合作進行 SEO 時，我希望他們會記起我，然後心想：「克里斯很貼心啊，他不是那種卑鄙的業務，也不會強行推銷。我滿喜歡跟他聊天的耶，打算和他合作看看。」

客製化內容

想在別人眼中成為提供價值的人，一項有效方法就是專門針對利基市場的需求來撰寫內容，藉此顯示你真的理解受眾。

這類內容五花八門：社群媒體貼文、部落格、影片、Podcast 等任何你的利基受眾最感興趣、最有可能消費的媒體。Podcast 一直是我建立關係的最佳管道，因為我為來賓提供了舞台，又不要求任何回報。

在第 5 章中討論過，針對你的利基市場撰寫行銷文案。在本章中，你要運用相同的知識來撰寫不同類型的內容，它們也要帶來價值。這一切都代表你了解自己的受眾，你明白他們的問題是什麼、也知道什麼能替他們的事業和生活加值。

你所在產業的受眾在消費內容時，很可能就會開始重視你。他們會知道你是誰，也知道你只提供有價值的資訊。這就能建立信任感，自然會促成更高的轉換率（下一章還會提到，這也會促成更多引薦而來的工作）。

我在自己的利基市場建立關係資產時，首要之務就是在 Google+ 上創造價值。（你大概不記得 Google+ 這個相對短命的社群媒體平台，上面可以建立並分享聯絡人名單，稱作「圈子」。）我建立了一個律師事務所交流圈子，由我負責管理名單，分享給所有參與成員。

雖然我沒有提供服務或銷售任何東西，但這份名單變得非常有價值，因為我充當了這個圈子成員的聯絡人。但這份名單之所以有價值，是因為我花時間在社群媒體上與所有人互動、了解他們，讓他們把我引薦給更多業內人士。

我也以同樣的方式經營 Podcast：主動認識我的利基受眾信任的相關人脈，慢慢地建立關係。

遺憾的是，我第三集 Podcast 的來賓居然放我鴿子。我明明事先調查過來賓、也安排好時間，但對方就是沒有出現！然而，這也是唯一一次，後來我錄了一百多集節目，有了更穩固的信任基礎，我的 Podcast 也更站得住腳。我在錄前五十集左右時，都得親自寄電子郵件問別人是否願意當我的 Podcast 節目來賓，現在則是別人寄來電子郵件詢問能否當節目來賓。

你一旦培養出關係資產，就會有人願意和你互動。**隨著你奠定自己是有價值之人的聲譽時，就不再只是你想要認識別人了，其他人也會知道你的大名，希望被引薦給你。**

千萬別當催狂魔

在SEO領域，有群人被稱做「假貨推銷員」。你並不認識這群人，他們在各個產業遊走，販售他們的商品。真相是，他們的解決方案根本不管用——但他們才不在乎，因為等你發現真相，他們也早就換目標了。他們拍拍屁股走人，你的錢等於放水流。

如果你選擇鎖定利基，就是在選擇人際關係。你選擇了忠誠、選擇了建立扎實又良好的聲譽。我的意思並不是利基市場就沒有假貨推銷員，但數量少之又少，因為這些人沒有聲譽可言，也沒有人信任他們，所以想騙人也行不通。利基是由一小群人所組成，經常彼此交流。如果有人在某個利基市場名聲不好，沒有人會願意找他合作。**如果你很優秀，大家必定會一直提到你——但如果你很差勁，更是人人喊打。**

我曾因為合作過程出現攸關聲譽的問題，不得不與一些客戶分道揚鑣。假如我們繼續抓著這些客戶，就會影響到自己與其他客戶的關係，畢竟我們會因為持續展現支持，而被外界認定是共犯。

你的名聲取決於合作的夥伴。一旦客戶讓自己的聲譽受損，你就面臨了選擇：劃清界線或任由自己被拖下水。

我們與這些客戶有所牽扯，還會產生更大也更負面的影響，實在不值得，因為鎖定利基不只關乎金錢，還涉及我們在前文討論的一切：關係、聲譽和價值。我們不會希望在別人眼中的形象是：「他們居然幫忙那個客戶做 SEO

喔！實在是誰都能合作，沒有任何誠信。我才不要找他幫忙。」

我們恐怕會失去與未來客戶合作的機會，因為他們要找的是價值觀與自己一致的合作對象。

就像勵志演說家吉姆·羅恩（Jim Rohn）所說：「你最常來往的五個人平均水準，就是你個人的水準。」不妨看看你的利基：**你手上五大客戶的平均水準，就反映了你的水準**。

正如你不希望任何客戶拉低你的水準，我必須強調，你也不會想拉低他們的水準。本章探討的就是如何加值、付出，而不是索討。一般人都不想和只會索討而不付出的人打交道。（所以我們才會一直先強調**付出、付出、再付出**，讓你甚至沒機會思考開口請求一事。）

你可能有過類似經歷：每次參加會議或活動時，只要有某個人朝你走來，你就會想方設法避開他們。他們就像《哈利波特》裡的催狂魔，只會吸走你的靈魂、榨乾你身上所有能量——換到現實中，這些人只會浪費你的時間、榨取他們想得到的一切資訊、破壞現場的快樂氣氛，只留下一片烏煙瘴氣。（他們肯定不知道前文的叮嚀，就是要避免當變態跟蹤狂）。

你可以捫心自問，假如你突然發現自己變成了《哈利波特》裡的角色，你最想成為誰？是從旁人身上吸取能量和靈魂的催狂魔呢？還是像弗雷和喬治．衛斯理一樣用糖果和魔法惡作劇？（對啦，這對雙胞胎會把受眾變成魔法實驗品，但反正有免費的糖果可以吃嘛！）

或你想成為海格的角色，好好幫助並鼓勵他遇到的每個人（甚至還有動物）、耐心教導大家認識遭誤解的魔法生物，還在你生日那天帶著蛋糕出現，順便把你從糟糕的養父母身邊帶走，因為打從你親生父母為了拯救世界不幸身亡後，他們就一直在虐待你？

我這個比喻可能有點離題了，但請誠實地問問自己，你想成為什麼樣的人呢？假設你的職涯剛剛起步，選擇了一個利基，為自己打響名號，建立了聲譽。一旦你鎖定了利益、發展出人脈、奠定信任基礎後，你希望身旁都是哪些人呢？**絕對不要當催狂魔，也不要與催狂魔扯上關係**。

在前一章中，我們提到每次談生意都是以信任為基礎。只要你在自己的產業中更有名氣、創造價值又建立關係，就會比沒沒無名的人更值得信賴。你也更有機會把潛在客戶轉換為客戶，以及被引薦給相同領域的人。

水漲自然船高，培養出關係資產後，也有助於帶動更多人的引薦，這正是下一章的主題。你只要了解這個產業、懂得在利基市場接洽適合的對象、解決他們的痛點，就會在受眾眼中成為更值得信賴的顧問。

第 7 章

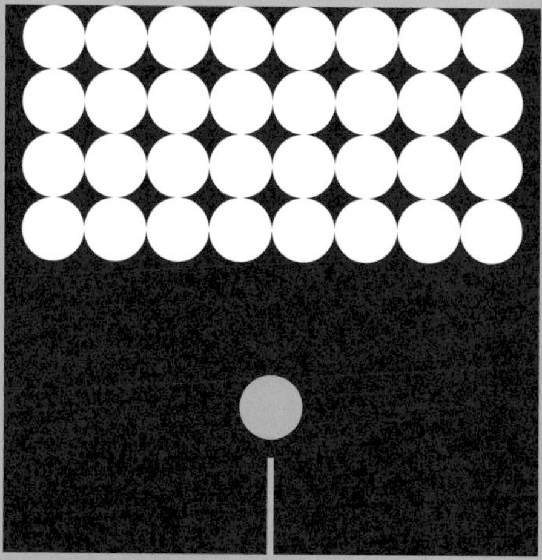

引薦機會

幫助別人的感覺真好。

前兩天，我因為趕時間，不得不跑到一美元商店達樂買生日卡。結帳時，我排在四個小朋友後面，他們買了一堆洋芋片、汽水和糖果。店員告知他們總金額後，第一個小朋友愣了一下，掏了掏口袋說：「啊，糟糕！」

其他三個小朋友年紀看起來更小，紛紛問他怎麼了。

「我把二十美元的紙鈔弄丟了。」他說。

那個小朋友一臉驚慌失措，二十美元可以買一大堆零食，現在卻面臨了什麼都買不起的窘境。

我還來不及表示要幫忙付錢，那個小朋友就開口說：「我馬上回來！」他隨即衝到店外，在門口的草皮四處尋找。我付完生日卡的錢，走了出去。其中兩個小朋友到草叢裡翻找，另外兩個小朋友則趴在草皮上，仔細搜著每塊草皮，希望找到遺落的紙鈔。他們的煩惱全寫在臉上。

我走向那個年紀最大的孩子問道：「你找到錢了嗎？」

「沒有。」他語帶難過。

「給你。」我邊說邊從皮夾拿出一張二十美元的紙鈔。

「哇，天啊，謝謝你！」

他立刻跑到朋友身邊給他們看，四個人全都開心得不得了。二十美元對小朋友來說是一大筆錢，代表著各式各樣的機會。（我的意思並不是等長大後二十美元就不值一提，而是對那群小朋友來說，搞丟二十美元是件天大的事。我很幸運，剛好可以幫助他們。）

我很高興自己幫得上忙，因為我希望世界上每個人都願意讓別人的生活更加美好。

你會打給誰？

在前一章中，我要你思考一下，自己想當催狂魔或海格？想當付出的人還是索討的人？

想想另一個問題：你希不希望自己生活和工作的世界中，所有人都只為自己著想，客戶想以最低成本得到最多服務、提供服務的人只想省事，也不把客戶介紹給可能更適合他們的專業人士？還是說，你寧願待在利基市場中，每個人努力一起解決問題、設法互相幫助，可能是自己採取行動，或是幫忙某人與合適的對象搭上線，實現他們想要的成果？

我很清楚自己選擇的答案，另一個甚至不在考慮之內。我很喜歡幫助別人的感覺，認為與周圍的人保持正向關係是很美好的事。

幫助別人和提升價值的一個好方法（正如我們在上一章所見，這有助培養關係資產）就是引薦。你不可能解決目標受眾遇到的所有問題，特別是你選擇成為單一領域的專家，而不是在多個領域提供平庸的服務——但如果你可以把客戶和可以解決問題的人搭上線，你猜猜結果會是什麼？結果一樣：問題獲得解決（還有額外的好處：現在他們可能更加信任你，這有助於提高留客率）。

建立引薦關係的最佳方法就是：**直接引薦、帶來價值**。如果你緊抓著每個潛在客戶，就無法把商機提供給其他人；你只是單純在不斷索討。然而，你鎖定利基時，自然會接下與婉拒某些工作。因此，鎖定利基讓你能更常引薦，因為每次你婉拒一份工作，都有機會與能接下工作的人建立引薦關係。

我們公司的客戶就經常如此。我寫這篇文章的當下，收到漢商律師事務所（Hansen Rosasco）的丹尼爾．漢森（Daniel Hansen）傳來訊息說：「哈囉，我們超愛你們的SEO服務，而且PPC特別讚，但是我們的Facebook行銷最弱。」

我們那時就說：「這其實不屬於我們的服務範圍，但你應該接洽『○○公司』的『○○○』。他們非常厲害，絕對能幫上你的忙。」

是我們解決了問題嗎？當然不是，但問題會得到解決，而我們會成為中間牽線的人。丹尼爾信任我們，所以相信我們引薦的人能解決他的問題。實際上，他對我們的信任可能更上一層樓，因為我們考量的是他的最大利益。其他人可能會說：「沒問題，我們來處理。」即使知道自己不是最適合的人選，依然決定拿錢辦事。但因為我們抱持開放和誠實的態度，面對自己擅長和不擅長的工作（簡單來說就是鎖定利基），所以丹尼爾就更加信任我們了。

不僅如此，由於我在這個利基市場，因此很了解法律和行銷兩個領域的業者。我了解法律產業，所以知道丹尼爾的需求。又因為我在行銷領域，所以知道誰能提供出色的社群媒體服務。他不必研究其他從事法律行銷的業者，因而省下時間成本。

當然，他也必定要付出少許努力和犧牲，因為他會有第二家行銷代理商當窗口（假如他能直接由我們服務，就只會有一個窗口）。話雖如此，你真的以為所有代理商（或企業）都是全能的專家嗎？我認為，提升專業知能比多點努力更加重要。

即使你不是實現最終目標的人，只是透過引薦幫助別人達到他們想要的成果，你仍然在創造價值。

引薦的好處

最棒的引薦機會可以讓三方受益：提出引薦的一方、被引薦的潛在客戶，以及接受引薦的一方。潛在客戶得以解決問題，被引薦的人可能會得到新客戶，至於提出引薦的人，會成為潛在客戶值得信賴的顧問，同時和被引薦的人互惠。這是罕見（卻又超棒）的三贏局面。

引薦能打造關係、深化人脈，進而帶來行銷機會，例如：專題演講、網路研討會、部落格或Podcast。我有個首屈一指的引薦夥伴擁有大量通路，他問我：「欸，你可以寫個有關××的部落格文章嗎？」我答應撰寫這篇文章後，他們不但在社群媒體上加以宣傳，還在他們的網站上把我的名字列為作者，我甚至獲得這家身處法律產業（我的利基市場）知名公司的行銷通路和背書。

所謂代言或背書，指的是把信任從受敬重的人物身上，轉移到獲得代言的人物或產品上。詹皇或麥可·喬丹拿起一雙Nike球鞋就反映了這點，他們等於替Nike背書。大家相信詹皇和喬丹了解球鞋，因為他們都曾穿著這些球鞋稱霸籃壇。如果他們說自己也穿或推薦這雙鞋，那信任感就會從他們身上轉移到Nike。

引薦不僅能改善關係、增加信任和帶來更多機會，還能幫你省錢。一般的潛在客戶開發都需要在行銷和獲取上花錢，但引薦完全免費。其實，就算你已經花錢開發潛在客戶了，還是能順便從中得到免費的引薦機會。因為一旦對方成為客戶，即使他只向你引薦了一個人，依然就像是買一送一的概念。（但無論引薦從何而來——這在下一節會加以討論——對你來說都不用花錢。小叮嚀：一旦引薦對象需要花錢，就不再是引薦，而是待開發的潛在客戶了。）

我最大的客戶都是透過引薦（通常是客戶或同業）而來，我甚至透過引薦找到旗下員工。我只要有職位開缺，首要任務就是找與公司合作的人（也就是我的供應商和引薦夥伴），詢問他們是否知道誰適合這個職缺、誰正在找工作。我幾乎都能找到很棒的人選。

但到頭來，我認為提出引薦和接受引薦的最大好處，在於你成為牽線的人，這本身就會帶來滿足感。你把客戶介紹給適合的人幫助，或你經由別人引薦而來的客戶，都是很棒的感覺，因為現在真的可以幫助他們了。生而為人，我們本來就喜歡建立連結、也喜歡幫助別人，畢竟這就是我們做事的動力。

你這也是在建立「善意貨幣」。我不知道你是否相信「業力」的概念，但宇宙似乎確實會用某種方式回報你投入的正向意念。

引薦三大類型

現在你八成心想：「克里斯，這樣當然很棒，可是我要怎樣才能得到更多的引薦呢？」

「獲得」引薦的第一個方式就是「提供」引薦。你在前文也看到提供引薦的好處，那我們來看看不同類型的引薦，談談如何提升每類的引薦數量。

引薦分為三大類型：

- 客戶引薦。
- 互補的服務引薦。
- 競爭對手引薦。

以下詳細介紹這三大類型的引薦。

客戶引薦

首先，你可以獲得客戶的引薦。

獲得引薦的方法背後有大量具體手段（主動請求引薦、設法了解意向和整體策略等等），但利基市場的一項優勢就是你內建受人引薦的特質，因為你在自己的領域是名專家。如果你為某些人實現了他們想要的成果，他們可能就願意引薦其他想要同樣成果的客戶。

一切就是如此單純：**如果你精通自己的工作，自然會得到更多引薦**。

互補的服務引薦

第二個類型的引薦是互補的服務引薦，指的是利基受眾需要但你沒有提供的相關服務。舉例來說，在利基市場中，我為客戶做很多行銷、開發潛在客戶，但這只是企業運作的一部分。客戶可能還需要在營運、銷售、教練與領導力、財務與人力資源等方面的協助，這些全都是我身處利基市場的互補服務。

你可以與在你利基領域中提供互補服務的同業建立關係，提供客戶「端對端」的完整解決方案，節省客戶的時間、精力和犧牲，因為他們不必自己去尋找這些人，這也能幫助他們獲得一流服務。全方位服務的公司聽起來可能頗具吸引力（因為有樣樣通的員工），但因為他們不專攻某個領域，可能並不精熟自己提供的部分（或全部）服務。然而，一旦你鎖定利基，就能真正專心做好一件事，進而能找到其他領域的專家，你的客戶就會得到更棒的整體成果。

這也能鞏固客戶來找你（再把你引薦給其他人）的決定，因為你不但清楚自己的利基市場，還十分了解他們的需求、痛點，甚至綜觀大局成果。你知道介紹哪些適合的人，幫助客戶解決消費歷程中的疑難雜症。

介紹客戶給其他利基服務的供應商，就是建立關係的一個象徵。身為企業主和創業家，我們的目標是增加生意、拓展事業，所以如果你直接幫助其他人達成這些目標，就是在為他們提供加值服務。

你剛進入個人利基市場時，可能知道自己應該把客戶引薦給別人，卻不知道該引薦給誰。隨著你漸漸了解這個產業，客戶和他們的合作夥伴之間會形成自然的回饋循環，你自然會認識自己的事業和客戶的潛在引薦夥伴。

花時間充分發展這些關係。引薦別人給客戶最大的風險，就是你推薦的人辦事不力，客戶會對你留下負面印象。一切攸關你的聲譽，所以一定要熟悉你的合作夥伴。

你可以考慮只引薦客戶給其他鎖定利基的公司。**如果你把客戶介紹給服務包山包海的公司，讓客戶獲得你沒有的某項服務，那間公司就會對你構成威脅。**舉例來說，我身為SEO代理商，假設有客戶需要PPC，我就不會把客戶介紹給同時做網站設計、SEO和PPC的X公司，因為X公司最終可能會挖角我的客戶，不專攻利基領域的X公司也不太可能提供客戶最佳的PPC服務。

然而，假設Y公司是PPC專家，而且PPC是唯一業務，我們就會建立共生互惠的關係。我可以把PPC客戶介紹給他們，他們也可以把SEO客戶介紹給我，這對雙方都不會構成威脅。

再強調一次，**在商務上最佳的給予形式，就是給生意做**。每個人都想要一個管道，也都想拓展自己的業務。如果你幫他們引薦，對方將來就會希望獲得更多的引薦。如果你的服務滿足雙方客戶的需求，你引薦的人就更可能引薦其他客戶給你，而不是給那些從來沒有提供生意給他們做的人。

話雖如此，我依然同意付出不求回報的心態。最終，這都是為了幫助你的客戶實現他們的成果。

雖然我相信你絕對不會這樣做，但還是要提醒一下，建立引薦夥伴關係與價格勾結行為之間有很大差異，以下是分辨方式：引薦夥伴關係帶來良好的口碑，價格勾結則是犯罪行為。

競爭對手引薦

第三個類型的引薦稱為「競爭對手引薦」。顧名思義，這就是把客戶介紹給自己的「競爭對手」。

我並沒有發神經，所以先別質疑我的看法。因為在特定情況下，這的確有其道理，比如當你有特定的專屬條款，無法替潛在客戶服務，這樣就可以與你的直接競爭對手建立引薦關係。

舉例來說，我簽訂了一個地區專屬合約，不得在德州休士頓市服務超過一名客戶。我已固定服務一名客戶了，所以另一名在休士頓的潛在客戶找上門時，我也愛莫能助，但我可以把他們介紹給同業服務。

如果你在利基市場中要遵守專屬條款，不妨找出具有類似條款、會遇到相同問題的企業。這樣一來，如果他們已有一名休士頓客戶，就可以把待開發客戶介紹給你（假如你還沒有的話）。

你不必嫉妒競爭對手，反而可以和他們友善地來往，客觀地評估他們，確定他們是最佳的引薦夥伴。**引薦本身是善意的行為，可以真正幫助潛在客戶**。即使你沒有專屬條款的限制，有時你也無法和客戶順利合作，或他們單純想試試看與別人合作。在這個情況下，最好知道該把客戶推薦給誰，同時也當個競爭對手願意推薦的人。

你在挑選利基市場時，就是決定要在這個利基中建立聲譽。你看待引薦的心態，會對你的事業產生長遠的影響。

另外，如果競爭對手知道你很友善、還願意把客戶介紹給他們，這就建立了良好的競爭關係，他們也不太會故意挖走你的客戶或員工——說不定還會保護你。我們就有一個引薦夥伴，每次有客戶想嘗試找他們合作時，他都會說：「喔，你是 Rankings 的客戶嗎？那你不必擔心啦，繼續和他們合作，好好溝通一下，他們會幫你釐清需求。」

與引薦夥伴建立良好的關係，就像打造了一道護城河，足以捍衛自己的利

益。同業不但不會無情地挖角你的客戶，反而還會願意替你說話，向你的客戶保證他們做了正確的選擇。

最近我聽了商業顧問大衛·貝克（David C. Baker）的演說，他寫了《專業知識的事業》（*The Business of Expertise*）一書，經常受邀進行專題演說。他問：「你們覺得獲得更多演說機會的最佳方法是什麼？」

答案是什麼？是小組論壇的其他與會者。他們往往是直接競爭對手，很可能受邀進行其他演說，說不定未來也會推薦你出席。「對了，你也應該邀請克里斯來啊，上週他在論壇上的發言很棒。」一般人以為競爭對手會給彼此負面評價，所以一旦發展出乎意料，他們甚至進一步邀請競爭對手，就會讓雙方臉上都有光。

事實上，並不是每家業者或代理商都一樣，你可能無法為每個來到你面前的潛在客戶服務，但這不代表你的競爭對手也做不到！舉例來說，我們公司不接西班牙語的業務，但部分競爭對手會接相關內容，所以如果這是客戶的需求，我們就會希望他們可以獲得協助。

也許你只是太忙了，沒辦法馬上幫助他們。這個問題其實並不嚴重！在這種情況下，你有兩個選擇：主動表示可以把潛在客戶加入等候名單，或介紹也許能馬上提供協助的同業。

把選擇權留給客戶

你把客戶或潛在客戶引薦給競爭對手時，最好讓他們自行選擇最終想與誰合作。你不確定最佳選項為何時，就要把選擇權留給客戶，讓他們自行決定。

如果你只把客戶或潛在客戶推薦給一個人，就等於在替他們做選擇（如果你又不確定他們提供的服務品質，就有違職業道德），好像在說：「你就是應該找這家業者。」假如你給他們好幾個業者，他們就可以自行選擇並評估與誰合作。

這點十分重要，原因如下：**首先，不同業者有不同的報價，而每個人心目中的「最好」相當主觀，也取決於潛在客戶的具體需求**。有的可能簽了長期合約，有的可能簽了短期合約。有的可能更便宜，有的可能更昂貴。如果客戶的預算不多，就需要較便宜的供應商。

這就好比你和朋友或另一半在挑選外出用餐的地點。你不可能只提供單一選項，而是會問：「你想吃什麼料理？義大利？墨西哥？希臘？還是壽司？」這些選項都可以接受，全部都可以餵飽你，但你想要什麼？需要什麼？午餐吃了什麼？

我們甚至可以進一步細分餐廳。如果你的另一半說今晚想吃義大利菜，那就有許多義大利餐廳可以挑選。對方是想要電影《小姐與流氓》那類的浪漫體驗嗎？還是想要橄欖園義大利餐廳的盛情款待？還是想要正宗義大利美食？或只是想點塊披薩吃呢？

你要讓潛在客戶進行調查分析，決定哪家業者最適合他們的需求。

潛在客戶挑選的任何一個競爭對手，就有責任完成工作、贏得生意。如果客戶看中兩家業者，那就由他們來幫助客戶決定最合適的選擇。但兩家業者都會看到是你推薦他們，這就產生了兩種互惠模式。

這會提升你獲得更多引薦的能力。假如你只是把客戶都介紹給一個人，那只有單一業者會感受到心理上的互惠。假如你把客戶介紹給兩、三個人，那就有更多機會得到引薦。

好，我知道下面一段文字會讓部分讀者有些激動……但我想提醒你們，大多數人創業是為了賺錢。我已事先提醒，那就往下讀囉：

如果你可以引薦的合作夥伴只有一個，老是把自家客戶介紹給他們，可能替他們創造額外營收，導致他們未來針對潛在客戶進行行銷的時候，與你搶攻市占率。

因此，**你引薦的對象最好可以分散到其他企業，避免在自己的市場中培養出威脅**。同業也許真的很優秀，但是假如他們只花費一〇%的行銷預算，而你帶給他們兩百萬美元的生意，猜猜結果會如何？他們就可能有本錢在行銷上與你作對。

壞小孩才討厭聖誕老人

大多數人對於引薦的抱怨是，這類介紹來的案子不是多得要命，就是少得可憐，完全無法預測。此言不假，引薦就是在服務潛在客戶的需求，所以案量可能起落很大。

但這不代表你無法善加利用引薦的機會。

我唯一的建議是：**如果你想獲得更多的引薦，那就當值得引薦的人、當善良的人，好好把工作做得出色，成為自己領域的專家，積極投入時間、鎖定利基，在市場中脫穎而出。（如果你鎖定利基，客戶自然會來！）**

一般人只要幫助別人，內心就會湧現感恩之情。如果你幫助別人，就代表你很有價值，而其他人也可能會想幫助你，因為這也會讓他們產生感恩之情。你主動引薦、釋出善意時，善意和合作機會終究會回流到你身上。

因此，我才會說只有壞小孩才討厭聖誕老人——因為壞小孩拿不到聖誕禮物！他們的襪子裡只放了煤炭。（不過近來煤炭價格越來越高，這也許不是什麼壞事啦。）

如果你是好孩子，就會愛聖誕老人。同樣的，**如果你是好人，在某個利基市場提供優質服務，引薦機會就是你的聖誕禮物**。

我們已明白小眾市場的許多優點，但我還想討論最後一個優點，才能整合所有優點：效率。第 8 章會說明，你要如何打造可以一再重複的流程來節省時間和金錢。

第 8 章

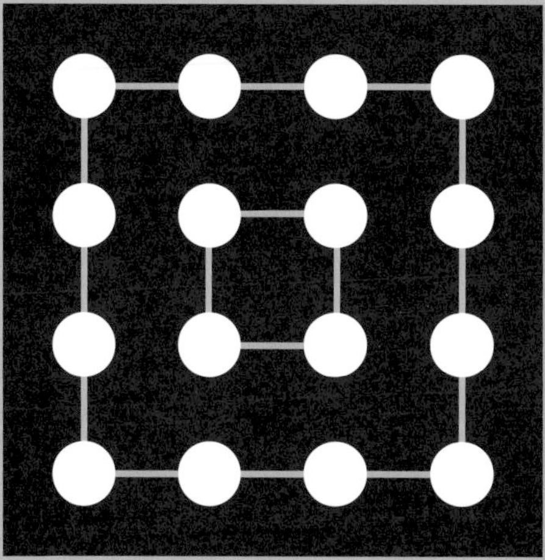

效率

現在，試著回憶你第一次開車的情景。

當時，你大概只有十五、六歲，開車感覺既新鮮又刺激。無論你第一次開車是在自家附近，或是在空曠的停車場，很可能都得非常專心：你的雙手要擺在方向盤哪個位置？雙腳應該做什麼？方向盤要轉幾圈才能移動車？踩剎車要多用力才能停下來？有沒有記得檢查後照鏡？天啊，真的要把單手從方向盤上移開，才能切轉彎燈嗎!?這樣安全嗎？

現在想想看你最近一次開車。你是有意識地思考上面這些事嗎？八成不會。你開車開了這麼多年，一定習慣成自然，早已理解開車的技巧，不必留意自己採取的每個確切行動。

所以，這兩次經驗之間發生了什麼事？你花了大量時間開車，多少已成為一名專家了。更重要的是，你重複同樣的動作，一次又一次，得到了同樣的結果（假如你換了配備新科技的新車，習慣的方式可能會微調，但開車應該更加簡單）。你還是新手時，開車可能需要好好練習（所以你的保險費比較高，因為經驗不足的青少年更容易肇事），但如今你已掌握開車的技術，能力熟練也更有效率。

我們也可以在其他領域看到這種效率逐漸出現。相較於你第一次嘗試自己捲壽司，專業壽司師傅已捲過成千上萬次壽司了。同理，糕點師傅達夫·高德曼（Duff Goldman）烤的蛋糕和新手首次烤的蛋糕也截然不同，達夫烤過成千上萬個蛋糕，成品一定更加厲害，因為他是該利基市場的專家，大量時間也都在廚房裡度過，因而培養了肌肉記憶。

講究效率

到這裡，我們已經討論了鎖定利基的所有優點，最後這章的「效率」概念會將這些優點結合在一起。你可以高效率處理工作流程，但你也能學會提升引薦客戶、建立關係與轉換客戶等等的效率，方法很簡單：**在單一領域展現專業知能，不斷累積經驗**。你只要提升了效率，就會賺更多錢。

大多數人聽到增加利潤，只會想到提高價格或銷售更多產品，但獲利能力有個重要面向往往被忽視，那就是**避免浪費**。

高效率可以減少開銷，你可以透過經驗的累積來提升服務費用，也可以減少浪費的時間，進一步增加你的利潤。

鎖定利基是一種精實的方法，你排除了其他產業，只專注在單一產業。這樣一來，你也會提升效率，因為過程中不但減少浪費，還打造可重複的行動。

假設我為專業人士提供SEO服務，是想藉此開拓更廣大的市場。那我就得研究人身傷害律師事務所的關鍵字，還要研究居家裝修的關鍵字，然後是電工的關鍵字，再換成醫師的關鍵字，以及其他我要行銷的不同產業。我必須每次都針對不同產業重新進行研究，一再地從頭開始，代表每次跨足新產業都得花費大量時間。

相較之下，如果我只進行人身傷害律師事務所的關鍵字研究，只需要從頭開始一次。下次我跟同樣需要關鍵字研究的客戶溝通時，研究早已做得差不多了，雖然可能需要進行微調，但我可以一次又一次利用起初的工作成果和投資的時間。整個過程可以重複。

前文討論過亨利．福特和生產線，但想像一下，如果他設法讓每輛車都不一樣——不一樣的顏色、不一樣的零件、以不一樣的方式組裝。這會有多慢？從效率的角度來看，這會浪費多少時間和精力？我們看看他實際上做的事：建立一條生產線只組裝T型車，他得以預先擬定策略，同時提升效率和效能。

透過鎖定利基，你也可以提前計畫。你可以只做一次研究，就一遍又一遍地運用研究成果，不必重複一樣的過程。也因為你採取的解決方案是針對自己的利基，該解決方案也更加產品化，進而淘汰低效率的解決方案，才能真正幫助到特定受眾。你不必為了可能合作的產業建立多個銷售網頁、不同行銷話術或銷售流程，而是可以為了你選擇合作的一小群受眾，量身打造單一銷售網頁、單一行銷話術和單一銷售流程——你非常清楚這些客戶的痛點和期望的成果，這正是因為你鎖定了利基。假如你打算同時與十個族群工作，對他們的認識必定十分粗淺，因為你無法深入研究這麼多人。

高效率的意思是：不浪費你的資源，而我們數一數二重要的資源就是時間。具有能力提升工作流程的效率，就代表能節省更多時間。經營企業的各個面向都有節省時間的要件，包括行銷和攬客、銷售和收購、交付、財務和行政管理等等。節省時間就是創造價值的一環，可以用金錢來衡量。你節省了時間，也節省了心力與能量，這些都代表你在省錢。

成為高效率專家

效率也來自經驗。剛開始時，你可能無法太有效率，因為你還搞不清楚狀況。這就像你第一次敲釘子，可能會敲不準或敲不直。但你累積足夠次數後，就開始越敲越準了。隨著操作次數的增加，你的速度、自信和品質也會上升。因為你在同一個產業工作，就會在利基市場中一再累積這些經驗，進而提高效率和品質。透過頻繁執行相同的操作，你的出錯機率也會減少。

日文中的「カイゼン」（改善）意思是「持續進步」。在精實生產的領域，這指的是消除浪費和冗贅。豐田汽車就是提倡「改善」的知名企業。

在第3章中，我們提到在投入一萬個小時後，就能成為特定領域的專家或獲得專業知能。**你可以透過提高效率，避免這一萬個小時中有任何浪費，並且在取得專家地位的過程中，替你的時間加值。**

對敝公司來說，營運部門的效率最佳，因為我們不必重複關鍵字研究。關鍵字研究是SEO非常耗時的環節：光是人身傷害律師事務所，就有數千個關鍵字。想像一下，假如我必須橫跨多個垂直市場，還得了解每個產業的數千個關鍵字，那還得了！我怎麼可能辦得到、同時還可以獲利呢？（答案很簡單：不可能。）

但我們不必為每個上門的潛在客戶從頭重新創建這些流程。我們清楚知道哪裡能取得反向連結（backlink）、如何幫助客戶的網站最佳化、內容生產策略中不同案例的價值。到頭來，我們針對人身傷害律師的SEO服務能產生更高獲利，因為我們可以持續改善媒體刊登計畫行事曆和流程，重複最常用的部分，這樣就能避免浪費時間和做白工。

挖掘可重複的流程

你在利基市場累積更多經驗時，就要開始尋找可重複的流程，因為這些流程對所有客戶來說都不會改變。一開始，你不見得看得到其中攸關效率的面向，但隨著你越來越認識產業和客戶，就會發現哪些面向能節省時間。

翻閱你的資料。在你的帳本、損益表或會計軟體中追蹤開銷，看看是否有可以減少浪費的地方。記得檢查操作流程，看是否有重複執行的交付。你可以按照地區和族群來評估客戶集中度。如果你針對部分業務或某個族群有既定流程，也許就可以套用到其他地方。

更有策略眼光

策略的意思是：**試圖預測能奏效的方法**，但這多半是運用經驗和分析蒐集來的資訊後進行猜測，策略本身並不完美。

但你可以檢視自己針對某個人採取過的有效行動、這些行動是否可以應用到更多人身上，進而更有策略眼光。

營運、交付或履行是最需要考量的環節，因為這就像生產線上的汽車，所有零件要組裝在一起。在這個階段，任何打造商品或服務所採取的行動可能會經常執行，意思是：在討論效率時，這些最能引起共鳴。

這時也可以思考人類能力與科技或機器人的差別。假如是必須重複的精確操作，也許交給科技程式或機器人執行更好。但你也要思考，部分有重複操作的工作環節，是否真的需要由你這位專家來執行？這些操作會用到你的才能嗎？是否非常困難？假使真的如此，你可能依然是最佳人選。

假如並非如此，你就可以聘雇在利基市場中的其他人士，他們雖然不是專家但可以勝任這些工作，能讓你專注於需要自己專業知能的領域。如果一切操作都是全新又客製化，你就必須成為（或聘雇）擁有多項能力的專家。如果操作本身要不斷重複，即使在別人眼中你是專家，也可能不必找專業技術人員來執行這些操作。高中生可以很快學會在計時器響起時，把一籃子薯條從油炸鍋拿出來，但真正理解做壽司的精妙之處，可能需要累積多年的經驗。假如你開了一家麥當勞，可以聘雇經驗較少的員工，但如果開的是一家壽司店，很可能會想要學有專精、已做過無數次壽司的師傅。

同理可證，也許有五個人可以為你的客戶設計銷售網頁（這是可以重複的流程），但你是唯一花時間了解這些客戶的人，所以需要你的專業知能來運用他們的語言描述痛點和解決方案。這類工作無法自動化，也不能交給缺乏相關能力和知識的人。

成為專家沒有捷徑，但你可以想方法釋出自己的時間和精力，這樣就可以更專注於需要你專業知能的領域。

一切只是時間問題

提高效率的主要好處（也是鎖定利基的主要優勢），就是可以歸結為「時間」一詞。價值就是在時間中產生，獲利也在時間中產生。**時間正是信任的源頭，而交易是時間的一種形式**。

一切都攸關時間。

節省時間具有龐大的影響力。為什麼？因為你我所有人的時間都很有限，因此時間是價值的終極樣貌。我們終有一天會死去，所以活著的時間十分寶貴，哪怕只是省下片刻都很難得。**假設我們把時間當成貨幣，鎖定利基就可以讓你節省時間、操控時間，進而獲得更多利潤、產生更大影響力**。這就強過只想面面俱到的人，即使他們心甘情願投入更多時間也無濟於事。假如一家SEO代理商想服務每位律師、醫生和會計師，必定得耗費更多時間，但成效仍遠遠比不上僅專注於法律產業的SEO同業。

即使通才很願意花時間，但這一切值得嗎？通才因為缺乏專業知能，服務效能不會太好，所以收費無法上漲；他們也難以輕鬆轉換潛在客戶（或以相同定價轉換），也不會打造同樣數量的關係資產（所以他們也不把自己定位成提供引薦和接受引薦）。

然而，你現在知道鎖定利基的好處了，那就準備好節省時間、提升效率、賺進更多利潤。

結語

利基市場並不設限，而是提供機會

你讀完了鎖定利基的優缺點後，我希望你現在也明白，其實它的優點遠遠大於缺點。但我想特別說明一下，我不僅僅光是會寫鎖定利基，我每天都在實踐鎖定利基這件事。老實說，我並不擅長許許多多的事，我太太一定很樂意與你們分享。話雖如此，我知道鎖定利基打造了我個人的專業領域，我在其中有足夠自信與一流人才打交道。

我想用個人事業當作案例研究，說明我從架設 attorneyrankings.org 到後來 rankings.io 的過程中，如何鎖定利基、發現優勢。我們不只是一家行銷代理商，或律師事務所的行銷代理商，而是「人身傷害律師事務所的行銷代理商」。容我來回顧本書提到的優缺點，凸顯我是如何做出鎖定利基的決定，以及為什麼這個決定適合我。

首先是所謂的缺點，如前所述並不見得都是壞事：

市場較小：我發現自家七〇%的營收來自不到四〇%的客戶。儘管我們的市值較小，但這些統計資料顯示，市場足夠支撐擁有利基的業者。雖然這可能是缺點，但從我的獲利看來，這對我的利基市場來說不算真正的缺點，因為機會夠大來支撐利基。

浪費：鎖定利基本身讓我們消除浪費。我沒有提供所有的數位行銷服務，而是刪去對人身傷害律師事務所沒有幫助的服務，只保留有幫助的服務，這也代表我不需要沒必要的人員配置。同樣的，我也能減少不必要的行銷費用，不再到處行銷、亂槍打鳥，而是直接鎖定人身傷害律師——當然還有銷售流程、營運、帳款等許多業務領域。（詳見討論「效率」的章節。）

競爭：在我的產業中，客戶可以選擇世上任何一家數位廣告或行銷代理商合作，現今人人口袋中的行動裝置更讓我們能隨時與他人聯繫。但一般人多半信任與自己相似的人。因此，我們專注於服務客戶、努力為這個利益團體帶來價值，進而找到方法讓自己在競爭中脫穎而出。據我所知，我們是目前唯一專門從事人身傷害行銷的數位代理商，而且沒有進行重度媒體採購（即傳統購買電視和廣播廣告的方式）。

缺乏多元：我在前文提過這點，但我並不認為這是缺點。我對於SEO充滿熱情。對我來說，這就像是別人付錢讓我打電動。打電動時，你的目標就是要不斷升級，獲得更多經驗值，賺取更多金錢。我現在就是做一樣的事，只是在現實生活實踐罷了。就像打電動會遇到不同的關卡，你只要克服關卡就會成長。SEO是零和遊戲，搜尋排名第一只會出現一個。我很享受為了贏得勝利而認真玩。

產業風險：這不代表我不曉得這個產業的潛在風險。儘管律師這一行存在已久，人也難免會受傷（因此才需要人身傷害律師，這些律師也需要行銷），但產業風險對敝公司確實存在。除非社會上不再有人受傷，否則敝公司必定會有一席之地，讓我可以多少避免這個風險。但這仍然是值得注意的缺點。比如社群媒體行銷過去只會著重於 Facebook、Twitter 和 LinkedIn；而時代潮流和注意力已轉向 YouTube、TikTok 和 Instagram 等等。由於我身處數位媒體的場域中，因此能看到轉變即將到來，也能迅速做出行動決定。

產品完善：因為我們只與人身傷害律師合作，所以能調查客戶的經驗，並為了這些律師不斷提升服務品質。如果身為數位代理商，我與各產業共一千家不同公司合作，他們會有一千種不同需求。但我能獲得大量回饋，讓自己把相同的工作做得更好，一點一點地改善服務、不斷擴大差距，成為這個領域的第一把交椅。

為了買方付出努力與犧牲：我知道從努力和犧牲的角度來看，敝公司並不提供所有類型的行銷服務，但我們非常積極主動。我們與最優秀的點選付費廣告合法行銷代理商、媒體採購商、銷售和營運商建立夥伴關係。我們熟悉自家客戶、理解他們的需求，能找到其他利基公司和專家來幫助他們。由於我無法幫助潛在客戶處理所有問題，因此也可以提供引薦、打造互惠互利的關係。

你鎖定利基時，可以把部分「缺點」轉化為個人優勢。我們現在來看看鎖定利基的優點：

覺察力：在我鎖定利基、進入目前的產業之前，必須累積大量經驗來了解個人能力，以及哪裡有需求和機會。我以前從事不少聯盟行銷，架設超過一百個利基網站。後來我在一家數位代理商工作，主要與法務合作，但也有空氣調節公司、居家服務等其他類型的客戶。從那次經歷中，我發現自己與法務配合得很好，所以第一個利基市場就是法律行銷。我本來大可以替所有律師提供數位行銷服務，因為我知道哪裡可以幫律師打廣告，但我想充分運用自己的時間和資金，並且掌握最大的機會。七年後，我有了足夠統計資料來做決定，發覺有機會進一步鎖定利基，便專注於人身傷害律師事務所的SEO服務。

此外，找到這個利基也讓我明白，這個小市場的具體需求和細微差異。覺察力的意思有很多，不過對我們的公司來說，這代表了解哪些數位行銷服務能幫助人身傷害律師事務所。行銷策略非常多，我是全通路的支持者——話雖如此，特定行銷通路還是會表現得比較好。我們知道哪些通路最有可能帶來潛在客戶或提高品牌辨識度，但假如沒有在法律的特定領域內工作，我們就不會有這種覺察力。

專業知能：在我們這個產業，點選付費廣告往往比其他產業更加困難，因為每次點選的成本很高。如果交通事故律師，單次點選成本可能是幾百美元，這背後的競爭非常激烈。為了有效地進行電視行銷，你必須讓市場飽和，躋身前三大廣告主——在大多數市場上，這是一筆六位數美元的投資。根據人身傷害律師事務所的規模，這可能對他們產生不利。我們很清楚公司的處境與最適合的服務，能專注於帶來更多價值、深化這層關係，不會只憑猜測，或是努力包山包海看看誰會購買。我們知道客戶的需求和渴望，還可以滿足需求。

我們每天都在進行SEO，每天都與人身傷害律師事務所來往——而且我們沒有被其他服務或產業分散注意力。我們完全專攻SEO，還擁有專門針對法律人的SEO課程；我們是SEO智囊團；我們有外部的SEO教練、SEO講者；我們每天追蹤Google的SEO新聞；我們的簡報不斷在微調，納入SEO新趨勢。我們可以看到各種潮流。整家公司都致力於替單一市場做一件事時，就能促進創新、累積真正的專業知能。

加值定價：大多數SEO代理商無法理解的是，在服務人身傷害律師事務所時，其實需要量化的行動——他們因為不曾在該產業中競爭而缺乏覺察力，所以嚴重低估了在競爭激烈的市場中，必須有些條件才能獲得成果。我們與數百家人身傷害事務所合作的經驗中，知道在每個市場打滾所需要的本事。我們可以更深入地進行評估。因此，我們定價高於同業——不是因為我隨便決定提高費用，而是因為要滿足市場需求。

這也說明了我所在產業的另一個要點：SEO代理商經常被認為是假貨推銷員，也許我分析得太過仁慈，但我認為在這個產業中，鮮少人一開始就在當騙子。我的觀點反而是，在這塊垂直市場中，真正有能力的代理商表現得非常好，導致圈外人可能會誤以為SEO很容易。那些被貼上騙子標籤的人，當初進入SEO圈子都想幫助客戶成長，但可惜的是，他們並沒有做好成功所需要的充分準備。

轉換率：我們與潛在客戶洽談時，並不是泛泛地談論律師事務所，而是我會特別針對他們和他們的痛點溝通。我們知道，人身傷害律師通常想拿到更多汽機車事故案件，也知道這類案件的價值。我們明白他們需要什麼關鍵字、想要什麼類型的內容。我們與他們交流時，能更深層地回應客戶和他們提出的問題，這有助於建立信任。

正因為這是我們專注的利基市場，所以我們清楚客戶的組成：我知道我們大部分的潛在客戶都是在四、五十歲之間的男性，而且是參加過體育比賽的前運動員。他們多半是非常好勝的出庭律師：打官司必定想贏。我理解他們想要贏得訴訟、成為業界翹楚的渴望——我對他們說話的語氣截然不同於對家庭法律師的語氣，因為家庭法律師的客戶通常經歷著人生的困頓，性格特質完全不同。我可以按照自己接洽的人身傷害律師，加以調整談話過程，比如對方是事務所老闆，我們就會關注整體結果，而不是行銷經理可能想聽的枝微末節。

此外，我們所有的案例研究和客戶見證都來自人身傷害律師事務所。我們的 Podcast 是「人身傷害金頭腦」。我熟悉這個產業和從業人員。

關係資產：大多數人從財務角度思考關係資產，但我思考的是你在選擇一個產業時，如何拓展關係。舉例來說，我剛進入這個產業時，我與個體從業人員和小型人身傷害律師事務所合作，當然不可能引起格蘭・勒納（Glen Lerner）、凱爾・貝克斯（Kyle Bachus）、戴洛・艾薩克（Darryl Isaacs）或麥可・莫爾斯（Mike Morse）等知名人身傷害律師的注意，所以無法邀請他們來當 Podcast 來賓——畢竟他們根本不知道我是誰啊！可是一旦我開始累積成果、地位開始往上爬時，便獲得引薦給越來越多的人身傷害律師和朋友。如今在大多數情況下，要是我希望有人把我引薦給特定人士，我的人脈中必定有人認識對方，可以幫我介紹一下。關係就此拓展開來。

光是看看這本書的推薦就好，你會看到喬・佛萊德和麥可・帕安東尼奧（Mike Papantonio）的推薦文字。喬・佛萊德是全美首屈一指的卡車事故扶助律師，已在超過三十五個州打過訴訟，還與友人共同創辦卡車事故律師協會。麥可・帕安東尼奧的著作豐富，客串過電影和電視影集、主持過一次大型會議，還入選出庭律師名人堂（Trial Lawyer Hall of Fame）。他們的時間寶貴，假如我沒有建立扎實的關係網絡，他們就不可能來聽我的 Podcast，也不可能同意推薦這本書。

引薦：撰寫本書的當下，敝公司 rankings.io 提供兩項服務：網站設計和ＳＥＯ。這個意思是我們選擇婉拒人身傷害律師要求的其他服務。由於我們極致專注，因而替其他服務找到了頂尖專家，因為我們仍然希望向客戶推薦一流服務，藉此帶來價值。凡是關鍵字點選付費服務，我們就會引薦另一家代理商——他們不接ＳＥＯ服務，所以會把相關客戶引薦給我們。我們也會把影片製作、教練和銷售資訊蒐集等服務介紹出去。我們努力尋找、不斷改善自己的引薦夥伴名單，幫助客戶解決我們無法解決的痛點。

不僅如此，挑選了利基後，你就會因為這個利基而打響名號。因此，如果另一家數位代理商手上有間人身傷害律師事務所是潛在客戶，但是該代理公司出於某原因，不願意或沒辦法幫助該客戶。該客戶只要搜尋「人身傷害行銷」，必定會找到我們，因為我們在這個利基市場建立了品牌，這正是獨特銷售主張或獨特賣點。

效率：我們主要經手SEO，也就是讓律師事務所的網站排在Google搜尋結果的第一頁。SEO代理商既困難又耗時的工作就是關鍵字研究；這個研究可以確定律師事務所的客戶輸入哪些搜尋字詞來找事務所。而因為我們專注於人身傷害領域，所以知道大部分人身傷害律師事務所都想拿到相同類型的案件，這樣我們就只要進行一次關鍵字研究，不必每次都從頭再來。這樣就能淘汰不常重複的浪費活動。我可以只做一次研究，接下來不斷改進，推出更好的產品服務。

這只是一個例子！我們事業的每個領域都建立了可重複的流程：關鍵字研究、內容策略、替人身傷害律師事務所取得反向連結、架設銷售網頁、廣告

（我知道人身傷害律師事務所的最大市場，也知道在哪裡投放廣告）、文案撰寫——甚至還有電子郵件行銷。大多數數位行銷代理商都會需要使用有運算邏輯的電子郵件平台來細分受眾，但因為我的受眾都是人身傷害律師事務所，當然可能有不同的規模和價格點，不過我們可以與單一利益團體交流，而且能使用簡單的電子報滿足大部分需求。

現在輪到你發光發熱了

你閱讀了整本書，從我的經驗中獲得不少收穫。現在，你已準備好鎖定利基、挖掘自己的優勢：可能是更強的覺察力、更高的轉換率、更多的自由、更多的時間、更高的獲利能力、更棒的聲譽、更強的達標能力，以及更有價值的關係。

我們在前文討論過財富和地位，而「鎖定利基」就能兩者兼顧，這不僅帶來更多利潤，你也可以提升自己的地位，因為你工作起來得心應手，也是利基領域的專家，對於自己的成果深具信心。

「鎖定利基」會帶來滿足、信心和正能量，知道自己可以真正服務那些找上門請你協助的客戶。

我寫書的目的是要改變坊間對於鎖定利基的論述，**把心態從匱乏轉變為豐盛。利基市場並不設限，而是提供機會。**

現今世界既飽和又競爭激烈，我們都想要得到最棒的成果。一旦你鎖定利基，就會付出一切心力，專注於運用最佳方法來幫助客戶。如果你是企業主又熱中於幫助某個市場，我鼓勵你全力以赴——不要去思考「客戶會比較少」這個缺點，而是要看到鎖定利基的種種優點，從財富和幸福的角度來看，可以對你產生什麼意義。

如果你發現自己在充滿競爭對手的紅海中競爭，不妨觀察一下你的受眾，看看你能真正幫助誰創造最大價值，也許你會從中受惠。你要找到自己的藍海，別忘了：**市場越窄，報酬越大**。

如果你想了解我如何落實這些利基原則，造訪敝公司官網 rankings.io。你也可以追蹤我的 Instagram（@chrisdreyerco）來標記我，分享你自己鎖定利基的經驗。

如果你是一名人身傷害律師，我之後會出版另一本書，專門針對你的興趣所寫。另外，如果你還更了解我的立場，歡迎收聽我的 Podcast 節目《人身傷害金頭腦》。

致謝

我想要感謝：

- Jenna，容許我可以自由地用自己的強迫症當成超能力。
- 爸爸，總是教我如何打贏球賽。
- 媽媽，總是支持我，就算我很叛逆的時候。
- Alicia，資助一萬五千美元，讓我實現夢想。
- Matt，幫助我在這本書中找到自己的聲音。
- Jenny，感謝她幫忙安排一切。
- Ed Dale，他的三十天挑戰幫助我學會數位行銷。

- 赫林高中（Herrin High School）的校長，給予空間讓我可以在學生留校察看教室學習網路行銷。
- 我的留校察看學生，給我闖盪另一番天地的機會。

Eurasian Publishing Group
圓神出版事業機構
用心與你對話．網野無限實廣
先覺出版社
Prophet Press
www.booklife.com.tw
reader@mail.eurasian.com.tw

商戰系列 234

鎖定小眾：市場越窄，獲利越大

作　　者／克里斯．卓爾（Chris Dreyer）
譯　　者／林步昇
發 行 人／簡志忠
出 版 者／先覺出版股份有限公司
地　　址／臺北市南京東路四段50號6樓之1
電　　話／（02）2579-6600．2579-8800．2570-3939
傳　　真／（02）2579-0338．2577-3220．2570-3636
副 社 長／陳秋月
資深主編／李宛蓁
責任編輯／林淑鈴
校　　對／劉珈盈．林淑鈴
美術編輯／蔡惠如
行銷企畫／陳禹伶．黃惟儂
印務統籌／劉鳳剛．高榮祥
監　　印／高榮祥
排　　版／杜易蓉
經 銷 商／叩應股份有限公司
郵撥帳號／ 18707239
法律顧問／圓神出版事業機構法律顧問蕭雄淋律師
印　　刷／祥峰印刷廠
2023 年 5 月 初版

定價380 元　ISBN 978-986-134-456-0

很多時候，我們會覺得競爭對手很強，但要能夠贏過競爭對手，爛番茄創辦人Patrick Lee教我，最重要的就是「專注」，而我的解讀其實就是：有清楚的產品策略，而策略是你的「價值主張」，並只做基本功能和價值主張。當你專注時，可以把一件事情做得比別人還好。

——《爲自己再勇敢一次：矽谷阿雅的職場不死鳥蛻變心法》

國家圖書館出版品預行編目資料

鎖定小眾：市場越窄，獲利越大／克里斯・卓爾（Chris Dreyer） 著；
林步昇 譯. -- 初版. -- 臺北市：先覺出版股份有限公司，2023.5
224 面；14.8×20.8 公分 --（商戰系列；234）
譯自：Niching Up: The Narrower the Market, the Bigger the Prize

ISBN 978-986-134-456-0（平裝）

1. CST：市場學

496　　112004149

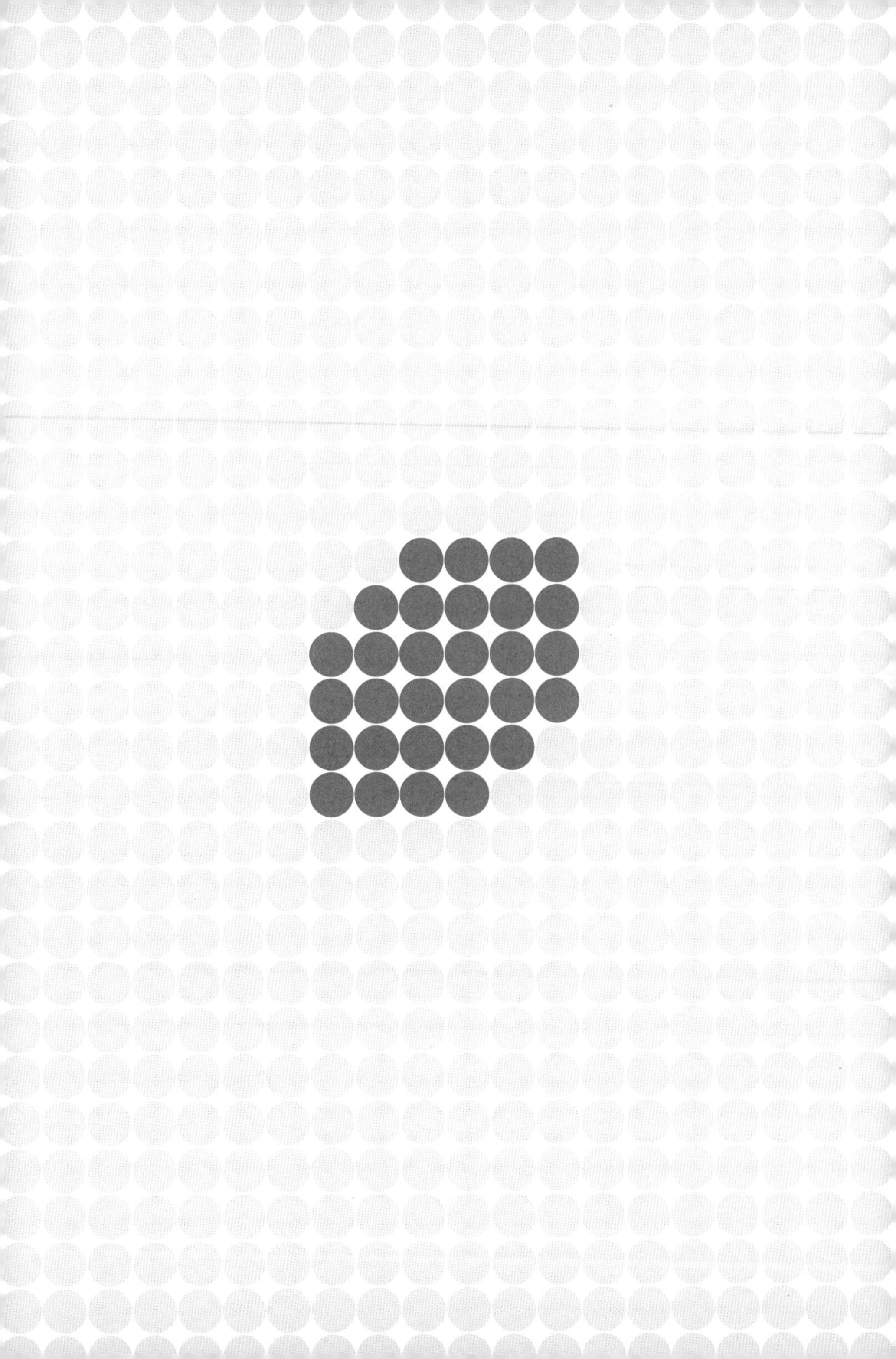